KB186351

Alien Species in Korea

한국의 주요 외래 동·식물

GEOBOOK 지오북

| 머리말

외래생물은 외국에서 인위적 혹은 자연적으로 들어와 우리 자연 속에서 스스로 번식하거나 경쟁할 수 있는 생물을 말합니다. 원산지가 외국인 외래생물이 새로운 생태계에 들어가면 크고 작은 영향을 주게 됩니다. 황소개구리와 같은 외래동물은 알이나 올챙이로 퍼져 나가거나 성체가 직접 이동하여 서식범위를 넓혀가고, 외래식물은 서양민들레의 씨앗처럼 바람에 실려 넓게 퍼져 우리나라의 생태계에 영향을 미치게 됩니다.

국립환경과학원에서는 외래생물의 영향으로부터 우리 생물을 보호하고 생물다양성을 잘 보전하기 위하여 생태계교란종 모니터링, 생태계 위해성이 높은 외래종의 정밀조사 등의 조사·연구와, 외래종의 생태계 위해성 평가를 통하여 국내 생태계에 나쁜 영향을 줄 수 있는 외래종의 도입을 미리 차단하는 등 야생동·식물보호법에 근거하여 효과적이고 체계적으로 외래종 관리를 할 수 있도록 노력하고 있습니다.

우리 터전에서 살고 있는 외래생물은 2011년 현재 동물 819종, 식물 309종이 알려져 있습니다. 이 책에는 2008년부터 발간해온 외래생물 자료를 보완하여 우리 주변에서 흔히 볼 수 있는 외래생물 100종을 수록하였고, 외래생물의 사진, 식별방법과 확산방지대책, 국내 분포 및 생태적 특성 등을 정리하였습니다. 이 책이 외래생물을 바르게 알고 우리나라의 생태계를 건강하게 유지하는 데 유용하게 활용되길 바랍니다.

아울러 자료협조에 도움을 주신 김동균, 김상수, 김원근, 박남기, 송호복, 신동오, 안수정, 양병국 님, 그리고 화도낚시터, 청록환경생태연구소, 국립농업과학원 곤충산업과와 조언을 아끼지 않으신 국립수목원의 박수현 선생님께 감사드립니다.

2012년 6월
국립환경과학원장

| 차례

외래동물

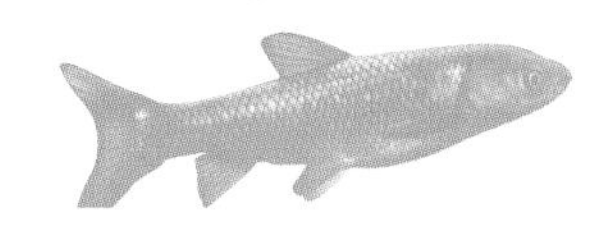

외래식물

| 일러두기

1. 이 책은 국립환경과학원에서 2008년부터 2010년까지 출간한 『한국의 주요 외래생물 Ⅰ, Ⅱ, Ⅲ』에 수록한 외래생물과 주변에서 흔히 볼 수 있는 외래생물종을 추가하여 총 100종을 수록하였다. 분류군별로는 포유류 13종, 곤충 13종, 어류 11종, 양서류 4종, 조류 1종과 기타 패류 2종, 갑각류 1종, 그리고 식물 55종이 기재되었다.

2. 종에 대한 생물학적 특성을 설명한 후, 외형이 유사한 종과 식별할 수 있는 특성을 함께 수록하여 구별할 수 있게 하였다. 종별로 원산지를 밝히고 분포도 및 생육지역 특성, 사진자료 등은 국립환경과학원에서 조사하고 연구한 내용을 위주로 수록하였다. 총 450여 장의 사진을 수록하였고, 필자들이 사진을 확보하지 못한 경우, 외부의 도움을 받아 수록하였으며, 출처를 표기하였다.

3. 내용을 잘 이해할 수 있도록 어려운 한자 용어나 생물 용어보다는 한글로 쉽게 풀어쓰려고 하였다. 그러나 전문용어를 사용할 필요가 있는 것은 괄호 안에 한자나 영어를 같이 써서 이해를 돕고자 하였다.

4. 사진은 가능한 한 실물 사진뿐 아니라 분포지, 생육지 등 사는 곳에 대한 사진을 같이 실어 생태적인 특성에 대한 이해를 돕고자 하였다.

5. 식물의 경우, 국명과 학명은 산림청에서 관리하고 있는 '국가표준식물목록(http://www.nature.go.kr/kpni)'을 따랐다.

이 책을 보는 방법

학명
한글명
영어명
사진
분포도
동·식물 구분
목명
과명
Carduus crispus L.
지느러미엉겅퀴
Winged thistle
생물학적 특징
부분, 분포지 또는 유사종 사진
원산지, 생육지역 특성 및 관리

┃한국의 외래 동·식물

1. 배경

생물다양성협약(CBD)에서는 생물다양성의 위협요인으로 서식지 파괴, 생물자원의 남획, 유기오염 및 유독성 화학물질에 의한 오염, 지구온난화와 더불어 생물학적 침입(Biological invasion)을 일으키는 외래생물을 제시하였다. 우리나라에 유입된 외래생물은 2011년 현재, 동물 819종, 식물 309종으로 야생동·식물보호법상 16종이 생태계교란야생동식물로 지정되어 관리되고 있다. 일본의 경우, 현재 총 190종(97종류)을 특정외래생물로 관리하고 있다. IUCN은 100대 악성위해외래종으로 포유류 14종, 파충류 2종, 조류 3종, 어류 8종, 양서류 3종, 수서무척추동물 9종, 육상무척추동물 17종, 육상식물 32종, 수생식물 4종, 미생물 3종, 미세균류 5종을 지정하여 사전 예찰을 권고하고 있다. 생물다양성협약 제8조(h)는 고유종 및 생태계보호를 위한 외래종유입방지 및 방제의무를 규정하도록 각 당사국에 촉구하고 있다. 최근 FTA 체결 확대로 인적 ·물적 자원의 교류가 더욱 활발해질 것으로 예상되고, 기후변화에 따른 새로운 위해외래종(Ecological Timebomb)의 출현가능성이 더 높아지고 있다. 이에 국내 외래종의 관리제도를 선진화하고 사전 예방적 외래종 관리기반을 구축할 필요가 있다.

2. 외래생물의 정의와 종류

외래생물의 정의는 학자에 따라 다르나 대체로 '외국으로부터 자연적 또는 인위적으로 유입되어 자연상태에서 스스로 번식 및 경쟁력을 지니고 있는 종'을 말한다. 외래생물 특히 외래식물의 생육이 주로 자연 생태계의 개발로 인해 발생하는 나지, 교란이 빈번한 도로변, 휴경 농지 등을 중심으로 발생하므로 외래식물이 자연을 파괴한 주체로 잘못 이해되기도 한다. 하지만, 모든 외래생물이 자연생태계에 부정적인 영향을 미치는 것은 아니며,

수중 조사 현장
어류 조사 현장

사방공사용, 식용, 관상용, 약용, 생물방제용 천적 등으로 널리 활용되고 있어 자원으로서의 가치도 되새겨보아야 할 것이다. 외래생물로 간주하는 범주는 학자마다 약간씩 상이하므로 학자들이 발표하는 종 수는 차이가 날 수 있지만, 새로 도입되거나 밝혀지는 수가 늘어가고 있음은 분명하다고 할 수 있다. 이러한 외래생물의 급격한 도입 증가는 두 가지 원인에서 기인한다고 볼 수 있다. 첫 번째는 교역 및 인적 왕래의 증가에 따른 이입 증가이며, 두 번째로는 관련 연구가 많아짐에 따라 새롭게 밝혀진 종이 많은 데서 그 원인을 찾을 수 있다. 국립환경과학원에서는 한국의 외래생물 종합검색시스템(http://ecosystem.nier.go.kr/alienspecies/)을 운영하고 있는데 이 검색시스템은 국내 유일의 외래생물 전문 홈페이지로서 우리나라에서 그동안 파악된 외래식물 287종과 외래동물 620종에 대한 특성들이 800여 장의 사진과 함께 수록되어 있다. 외래식물의 경우, 국내의 외래식물 분포를 조사하면서 2003년 이후 새롭게 보고된 미기록 외래식물, 최근 더 이상 분포지역이 확인되지 않는 종, 오동정되었던 종 등을 중심으로 2010년에 그 목록을 재정리하여 40과 173속 292종 14변종 3품종 총 309분류군을 확정하였다. 본 목록과 2011년 하반기부터 정리하고 있는 외래동물 목록은, 한국의 외래생물 종합검색시스템에서 종별 상세한 특성과 함께 서비스할 계획이다.

3. 외래생물의 도입 경로와 도입 시기

도입경로는 인위적 경로와 자연적 경로로 구분할 수 있고, 인위적인 경로는 의도적인 경로와 비의도적인 경로로 다시 나누어진다. 큰입배스, 미국쑥부쟁이, 삼 등 양식용, 식용이나 관상용 등으로 도입하는 경우가 의도적인 경로로 들어오는 종류이다. 또한, 비의도적인 경로는 미국자리공, 돼지풀 등 외국으로부터 인간의 왕래와 화물 수출입 등의 경로를 통해 들어오는 경우를 말할 수 있다. 자연적 경로는 바람, 해류, 철새 등에 의한 경우로 토끼풀,

식물 조사 현장 / 가시박 제거 작업

달맞이꽃 등이 이에 속한다고 추정된다. 그러므로, 특정 목적을 위하여 도입된 경우 이외에는 도입 경로를 추정할 뿐이며, 외국 자료에 의해서 원산지만을 알 수 있다.

외래생물은 외국에서 도입된 생물이므로 자연적인 경로 이외에는 외국과 교류가 빈번한 시기에 주로 도입된다고 할 수 있다. 박수현(2009)에 따르면 대체로 3기로 구분하고 있다. 제1기는 개항을 전후하여 1921년까지로, 개항 이전에 중국이나 아시아 원산의 이용 가치가 있는 재배식물과, 개항 이후 북미와 일본을 경유해서 들어온 식물들이 많다. 제2기는 태평양전쟁과 한국전쟁을 전후한 1963년까지로, 전쟁 중 전쟁물자와 연합군 참전 등으로 북미, 일본으로부터의 도입이 있었을 것으로 추정하고, 이 기간에 돼지풀이 들어온 것으로 알려져 있다. 제3기는 1964년부터 현재까지로, 우리나라의 경제 발전과 산업 발달, 국내외의 빈번한 교류에 의하여 파악되는 외래생물의 종수는 점점 증가하고 있다.

4. 외래생물의 영향

의약, 식품, 사방공사, 양식, 모피 등 특정 목적으로 도입된 종은 그동안 실생활에 많은 부분 기여를 해 왔다. 식물의 경우, 나지에서 일어나기 쉬운 토양의 침식을 방지하는 등의 역할을 하고 있다. 일부 외래종의 경우, 인체에 알레르기를 일으킨다거나, 자생종의 생태적 지위를 대체하거나, 생태계에서 최상위 포식자로 자리하는 등의 부정적 영향이 알려져 있고, 이들을 관리하기 위한 노력이 계속되고 있다.

5. 생태계교란야생동·식물이란

야생동·식물보호법 제2조 제4호에 따르면, 외국으로부터 인위적 또는 자연적으로 유입되어 생태계의 균형에 교란을 가져오거나 가져올 우려가 있는 야생동·식물과, 유전자의 변

털물참새피 조사 현장
미국실새삼 조사 현장

형을 통하여 생산된 유전자변형생물체 중 생태계의 균형에 교란을 가져오거나 가져올 우려가 있는 야생·동식물을 말한다. 그 종류로는 뉴트리아, 붉은귀거북, 황소개구리, 큰입배스와 파랑볼우럭 5종의 동물과, 돼지풀, 단풍잎돼지풀, 서양등골나물, 털물참새피, 물참새피, 도깨비가지, 애기수영, 가시박, 서양금혼초, 미국쑥부쟁이, 양미역취 등 11종의 식물로 2011년 현재 16종의 생태계교란종이 지정되어 있다.

6. 관리방안

외래생물을 관리하는 방법으로는 침입 전 관리와 침입 후 관리로 구분할 수 있다. 침입 전에 외국 물자의 반입 및 외국방문객의 출입이 많은 항구나 공항 등에서 검역을 실시하거나, 대국민 홍보를 통하여 문제가 되는 외래생물의 국내 생태계에 대한 영향과 도입 차단의 필요성을 알려 도입을 방지하는 방법이 있다. 또한, 수입하려고 하는 외래생물에 대한 사전 생태계 위해성심사를 통하여 관리를 강화할 필요가 있다.

이미 국내에 정착한 외래생물은 건전한 천이가 일어날 수 있도록 경쟁종이나 천적관계를 이용하여 환경을 조성하는 생물학적 방법, 약제를 사용하여 특정 종을 관리하는 화학적 방법, 개화나 결실기 이전에 손이나 기계를 이용하여 직접 제거하거나 총기, 포획틀을 이용하여 살처분하는 물리적 방법과 국가 제도 정비를 통한 외래생물 관리방법 등이 있다. 환경부에서는 2011년 외래종의 생태계 위해성평가제도를 도입하였고, 외래종의 정밀조사와 생태계교란종 모니터링 등을 통하여 외래종에 대한 체계적 관리를 위한 연구와 정책 입안에 노력하고 있다.

20목 30과 45종

외래동물

Mytilus edulis Linne

진주담치

Mussel

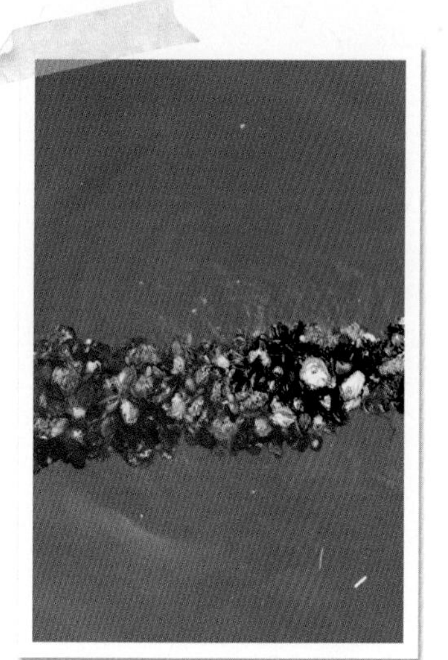

생물학적 특징

진주담치는 바다에 사는 연체동물로 껍질 안쪽이 진주 빛이 난다고 하여 진주담치라는 이름이 붙여졌으며 가장자리는 푸른색이 돈다. 지중해담치라고 불리기도 하고 방언으로 털격판담치로 불리기도 한다. 모양은 약 10cm 정도의 삼각형으로 표면이 검푸른색이고 홍합과 생김새가 유사하며 단백질 섬유인 족사로 암석이나 선박 등의 구조물 표면에 많은 개체가 다닥다닥 붙어서 나타난다. 수명은 포식자에 노출되는 환경 등에 따라 크게 다른데 성체의 경우 노출된 서식지에서는 연평균 폐사율이 98% 전후로 나타난다. 한편, 덴마크 바덴 바다에서는 18~24년간 산 개체들도 보고되었다.

식별 | 껍데기는 흑청색의 각피로 덮여 있고 광택이 나며 어릴 때에는 각피에 털이 있다. 홍합과 유사하게 생겼으나 껍데기가 얇고 너비가 넓으며 안쪽이 진주 색깔이다. 조개의 뾰족한 부분이 둥글면 진주담치, 메부리코처럼 굽어 있으면 홍합이다.

생태 | 봄에 암컷이 500~1,200만 개의 알을 수중에 산란하면 수컷이 정자를 방사하여 수정되는데 약 100만 개의 알 중 한 개에서 껍질이 있는 유충이 나오며 유충의 99.99%는 다른 해양동

물의 먹이가 된다. 유충은 3mm 정도까지 생장하면 부착하여 생활하며 5cm 정도로 크기까지는 장소를 여러 번 바꾸면서 최종 정착지에 들어선다. 한류성 생물로 조간대의 수심 20m 사이에 있는 바위에 족사를 이용하여 부착한 상태에서 안정적으로 살아가며, 원양항해에도 떨어지지 않고 먼 거리까지 이동할 수 있다.

진주담치는 껍질을 여닫으면서 시간당 2~3L의 바닷물을 여과하며 플랑크톤을 먹고 동시에 호흡한다. 간조대에 있는 진주담치는 1일 1개체가 10~20L의 바닷물을 여과하므로 바닷물의 정화에 커다란 역할을 맡는 셈이다. 진주담치를 먹는 동물로는 갈매기, 바다오리, 불가사리, 게, 까마귀 등이 있으며, 많은 포식자들은 진주담치가 껍질을 열고 물을 여과할 때를 노려 조갯살을 먹는다.

서식지

어구에 부착

유입과 확산

원산지와 유입경로 | 유럽 지중해 원산으로 선박 표면이나 닻, 로프 등에 붙거나 선박 평형수에 담겨 세계 각지에 확산되었다.

외국의 확산사례 | 미국과 유럽을 포함한 북대서양 연안 일대에 널리 퍼져 있고 러시아 북부의 백해와 남부 프랑스 및 영국 일대에도 퍼져 있다. 서대서양 연안에도 퍼져 있으며 한국 등 아시아 일대와 칠레, 아르헨티나 등에도 퍼져 있다. 일부 해역에서는 양식으로도 확산되지만 주요 확산 경로는 어구와 밧줄 등에 부착하여 이동되는 것으로 보인다.

국내 주요분포

전국적으로 굴 양식장 인근에 많이 서식하며 선박 출입이 많은 연안 일대에도 널리 퍼져 있다.

관리방법

어구나 선박에 많이 부착하면 다른 곳으로 확산되는 점을 고려하여 진주담치를 제거한 후 항해에 나서는 것이 바람직하다. 반드시 제거해야 할 곳에서는 긁어내거나 부수기도 하지만 작업이 까다롭고 안전사고의 위험이 뒤따르므로 주의해야 한다.

주의사항

4월부터 7~8월까지는 마비성 패류독소*가 발생하므로 이 시기에는 진주담치 채취나 섭취에 주의가 필요하다. 굴 양식장에서는 굴보다 먼저 진주담치의 유생이 쉽게 정착하여 자라기 때문에 주의할 필요가 있으며, 물놀이를 하는 지역에서는 날카로운 진주담치 껍질에 상처를 입지 않도록 조심한다.

주) 마비성 패류독소(PSP : Paralytic Shellfish Poison) : 홍합, 피조개, 가리비, 굴 등의 패류가 유독성 플랑크톤인 알렉산드륨(*Alexandrium tamarense*)을 섭취하여 생기는 독성분이다.

Pomacea canaliculata Lamarck

왕우렁이

Apple snails

생물학적 특징

외형이 논우렁이와 비슷하다. 크기는 먹이에 따라 차이가 있지만 보통 3~8cm 정도로 껍질은 황금색이나 갈색을 띠지만, 개체 및 서식지의 환경에 따라 변이가 크다. 생육기에는 성체와 함께 분홍색의 알 덩어리가 주변에서 발견된다. 암컷은 입구의 뚜껑이 오목하고 수컷은 볼록하다. 왕우렁이라는 이름은 토종 우렁이보다 크다고 하여 붙여진 이름이다.

식별 | 논우렁이에 비하여 껍질의 높이보다 폭이 커서 전체적으로 둥근 모습을 보인다. 봉합(縫合, Suture)각과 각 층 사이의 각도에서 논우렁이는 90° 이상으로 뾰족하고, 왕우렁이는 90° 이하로 나선형 껍질의 높이가 폭보다 작아 납작한 모습이다. 또한 왕우렁이는 껍질이 얇아 손으로 누르면 부서지기 쉬우며 껍질색이 밝은 황금색이나 갈색이지만 논우렁이는 흑갈색이고 껍질이 단단하다. 논우렁이는 1회 35~55마리의 새끼를 번식하며 부화한 새끼가 몸 밖으로 나오지만, 왕우렁이는 157~1,116개의 붉은색 알을 풀이나 수로의 벽 등에 덩어리 형태(난괴)로 붙여 두는 점에서도 구분이 된다.

생태 | 물속에 살며 어린 수생식물을 먹고 산다. 수초뿐만 아니라 부착성 조류와 동물의 사체

도 먹는 것으로 알려져 있으며, 수면에 접하거나 물속에 있는 먹이만 먹기 때문에 크게 자라 물 위로 올라온 식물은 먹지 못한다.

산란기는 5~6월로 어미 왕우렁이는 부화 후 6개월부터 3년까지 번식이 가능하며, 교미 3~7일 후에 물 밖으로 나와 산란한다. 풀잎이나 서식지 주변의 시설물에 붉은색의 알 덩어리(난괴)를 붙여 놓는다. 주변의 식물이나 구조물 등 알 덩어리가 붙을 수 있는 곳이면 어디서나 산란한다. 알의 크기는 지름이 2.2~3.5mm 정도로 약 7~14일 후 부화를 하고, 부화한 어린 개체는 빠른 성장을 하여 60일이면 성적으로 성숙한다. 왕우렁이의 주요 서식장소는 물이 정체되어 있는 논, 습지, 저수지 또는 흐름이 완만한 농수로 및 소규모 하천, 하천의 수변부이다. 왕우렁이는 2~38℃의 수온 범위에서는 생존하는 것으로 알려져 있으며, 잡식성으로 수초, 논잡초, 농작물 및 수서생물 사체 등을 먹으며 오염된 수질에서도 광범위하게 잘 적응한다. 얼음이 없는 하천이나 호소에서 월동하는데 월동효율이 낮지만 월동 북한계선이 점차 북상하는 경향을 보이고 있다. 바닷물이나 염분이 있는 물에서는 서식할 수 없다.

알

유입과 확산

왕우렁이는 물에 쉽게 떠올라 물흐름을 타고 멀리까지 이동하여 대규모로 확산되는 경향이 있다. 농경지의 농수로를 따라 확산되어 소규모 자연하천에 유입되고, 정착하여 산란 및 부화하고 생활사를 이어나간다. 하지만 소규모 하천이 아닌 대형 하천의 생태계에서는 왕우렁이를 포식할 수 있는 다수의 포식자가 있으며, 베트남에서는 잉어가 3개월간 논에서 왕우렁이의 90% 정도를 섭식한 사례가 있기 때문에 대규모 하천에서의 자연계 정착에 대해서는 좀 더 연구가 필요하다. 그러나 동남아시아나 일본 등지에서는 논의 잡초제거용으로 살포한 왕우렁이가 다른 논이나 하천 등으로 퍼져 나가 어린 벼와 수생식물을 먹는 피해가 발생하여 생태계 교란종으로 지정하여 관리하고 있다.

원산지와 유입경로 | 남아메리카 원산으로 식용이나 논의 잡초 제거용으로 태국, 필리핀, 일본 등에 널리 도입되었고 북아메리카에도 유입되었다. 우리나라에는 1980년대 초에 일본에서 반입된 것으로 보이며, 1983년에 정부가 식용목적의 수입을 승인하였다. 1995년부터 벼농사에 제초용으로 사용되면서 전국적으로 친환경 농업에 활용되었으나, 여러 가지 부작용으로 인하여 2004년 친환경 농업기술 보급사업에 활용을 중단하였다.

외국의 확산사례 | 일본에서는 식용으로 도입, 양식된 왕우렁이가 자연생태계로 확산되고 논에 들어가 벼농사에 많은 피해를 가져온 것으로 보고되고 있다. 필리핀 역시 2003년에 9,200km^{2}의 논에 확산되어 벼농사에 큰 피해를 주는 것으로 보고되었으며, 대만과 동남아시아 일대에도 크게 번져 벼농사 피해와 생태계피해가 큰 문제가 되고 있다.

국내 주요분포

전국의 많은 수역에 확산되어 있으나 광범위한 생태계 피해가 발생한 지역은 아직 보고되어 있지 않다. 열대지방이 원산지로 국내에서는 월동이 어려울 것으로 예측하였지만, 전라남도와 경

확산방지 차단막 설치

사체 섭식

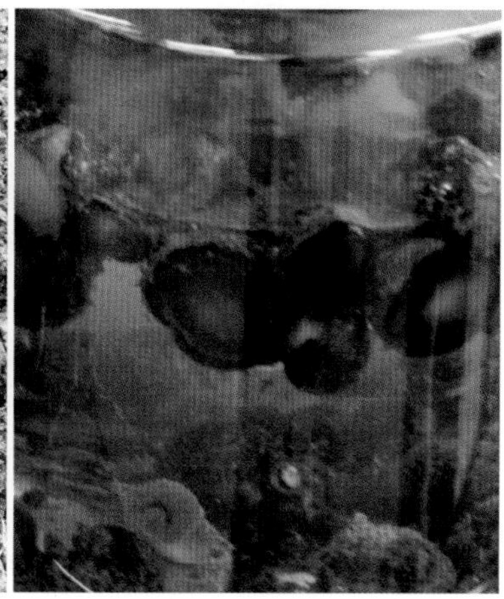

상도에서 월동이 확인되었다.

관리방법

농수로, 하천의 수변이나 그 인근에 있는 보전습지 등에 왕우렁이가 유입되는 일이 없도록 유출예상지역의 왕우렁이 양식과 살포를 금지하고 출현한 왕우렁이를 모두 제거할 필요가 있다.

주의사항

인체에 알려진 피해는 없으나 왕우렁이에는 주혈선충이 들어가는 일이 있어 먹을 경우에는 완전히 익혀야 안전하다.

Procambarus clarkii Girard

붉은가재

Red crayfish

가재(왼쪽)
붉은가재(오른쪽)

생물학적 특징

생김새는 가재와 비슷하며, 성체는 붉은색이고 어린 개체는 흑색이 진한 홍색조이다. 집게발은 크고 두꺼우며, 눈이 튀어나와 있고, 두 개의 더듬이는 끝이 가늘어지는 실 모양이다. 껍질이 딱딱하고 등 쪽에 6개의 마디 모양으로 등을 덮고 있으며, 작은 다리는 배 쪽 양편에 각각 4쌍씩 달려 있다. 꼬리날개가 부채처럼 펼쳐진다.

식별 | 가재(*Cambaroides similis*)와 생김새가 유사하나 가재는 색이 회색에 가까운 적갈색이고 크기가 7cm 정도로 작다. 그러나 붉은가재는 색이 홍색조이고 15cm 정도로 크다.

생태 | 정체수역 내지는 완만한 흐름의 온난한 담수역에서 서식한다. 이동성이 뛰어나며 특히 습한 기후에서 더 활발하게 움직인다. 성장 속도는 빠른 편으로 3~4개월이면 성체로 자란다. 봄철에 산란이 시작되어 건기에는 산란을 멈추며, 10cm 정도되는 암컷은 500개 정도의 알을 낳고 이보다 작은 암컷은 100개 정도의 알을 낳는다.

유입과 확산

붉은가재는 관상용으로 팔려나간 후 자연생태계에 버려지는 경우에 문제가 되고 있다. 따라서 붉은가재를 기르고 있는 사람이 사육 및 관리에 각별히 주의해야 자연생태계로의 확산을 막을 수 있을 것으로 보인다. 유럽에서는 붉은가재가 확산되면서 유럽 토착종 가재(*Astacus astacus*)가 크게 감소하였는데 이는 서식지나 먹이경쟁이 아니라 붉은가재가 주로 가지고 있는 곰팡이인 *Aphabomyces astaci*에 의한 질병으로 유럽 토착가재가 여기에 민감했던 것이 원인으로 보고되었다.

원산지와 유입경로 | 미국 걸프만의 멕시코와 플로리다주 및 일리노이, 오하이오 주 일대가 원산지로 미국의 많은 담수역에 분포한다. 우리나라에서는 미군이나 미군기지내에서 생활하는 사람이 자연에 놓아 보냈던 것으로 추정되며 근래에는 관상용으로 붉은가재와 그와 유사한 가재류를 취급하는 곳이 있어 일반인들에게 판매되고 있다.

외국의 확산사례 | 식용을 위해 상업적으로 아시아와 유럽, 아프리카 등 세계 각지로 확산되었다. 교육과 관상용으로도 보급되는 등 확산경로가 다양하다.

국내 주요분포

2006년에 서울 용산가족공원의 연못에서 붉은가재가 여러 마리 잡힌 적이 있다.

관리방법

붉은가재의 판매인과 개인 소유자가 있는 지역은 자연생태계로 나가지 못하도록 주의가 필요하며 생태계 유입 우려가 높은 지역이나 이미 출현한 지역은 지속적인 조사가 필요하다. 초기정착이 확인되고 확산경향이 나타나는 곳은 제거가 필요하다.

서식지

주의사항

붉은가재는 집게발이 크고 예리하기 때문에 물리면 상처를 입기 쉽다. 붉은가재류는 주로 관상용으로 들여와 유통되고 사육되고 있으나 자연에 방류되면 정착가능성이 높아 주의가 요구된다. 수질오염에 대한 내성도 우리나라의 토착 가재보다 높아 방류된 지역에서 정착하고 2차 확산으로 이어질 가능성에 유의해야 한다.

Corythucha ciliata (Say)

버즘나무방패벌레

Sycomore lacebug

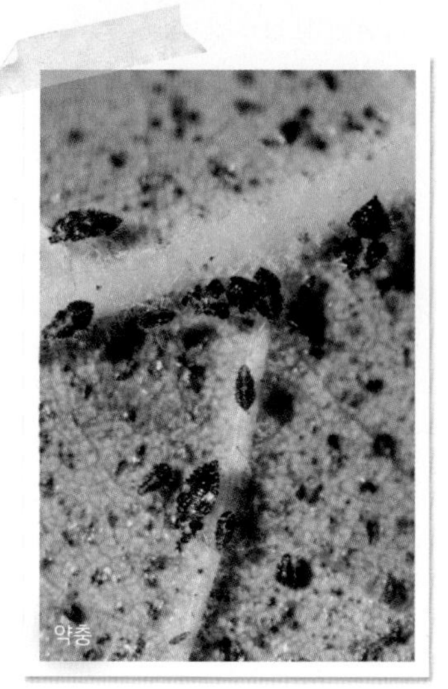

약충

생물학적 특징

성충의 몸길이는 3mm 안팎이며, 날개는 유백색을 띤다. 다리와 더듬이는 황갈색을 띠고, 머리 부분은 원추형이며 4마디로 이루어진 더듬이는 연황색을 띤다. 입은 길고 끝이 뾰족하며, 날개는 반투명 막질로 되어 있다. 넓은 흉부를 가졌고, 뒷가슴 등판은 넓고 길게 복부를 덮으며 검고 뚜렷한 2개의 반점이 있다.

식별 | 유사한 종인 진달래방패벌레는 등면에 X자 모양의 흑갈색 무늬가 있지만, 버즘나무방패벌레는 등면에 뚜렷한 2개의 검은 반점이 있는 것으로 구분된다.

생태 | 알-약충-성충의 형태로 불완전변태를 하며, 1년에 2회 발생하는 것으로 보고되었는데 지역에 따라 1년에 3회 발생하는 경우도 있다. 버즘나무 수피 틈에서 성충으로 월동을 하는데 월동기간은 9월 하순~이듬해 4월 말까지이고, 월동처에서 나온 성충은 식물의 잎 뒷면에 주맥과 측맥이 교차되는 지점의 성모(stellate)가 밀생한 곳에 표주박 모양인 10~20개의 알을 낳으며 알의 크기는 1mm 정도이다. 부화한 약충은 4회의 탈피를 거쳐 5령의 노숙약충이 된다.

버즘나무방패벌레에 의한 피해율이 급격히 증가하는 7월부터 9월까지는 성충과 약충의 2~3 세대가 혼재하면서 동시에 피해를 입힌다. 버즘나무류를 선호하는데, 특히 양버즘나무에 피해가 심하고, 물푸레나무, 닥나무 등 가로수 이외의 다른 나무에까지 피해를 입히는 것으로 알려져 있다.

유입과 확산

원산지와 유입경로 | 미국과 캐나다 남부(북아메리카) 및 유럽에 분포하며 유입 시기와 경로는 분명하지 않다.

외국의 확산사례 | 유럽, 북아메리카, 남아메리카 등지에서 보고되고 있고, 특히 유럽에서는 1997년 프랑스, 1980년 유고슬라비아, 1983년 스위스, 1988년 그리스에서 피해가 처음 보고된 후 빠르게 확산되고 있다. 이탈리아에서는 1970년 이전부터 피해가 보고된 후에 버즘나무방패벌레에 대한 연구활동이 매우 활발하다.

피해

서식지

국내 주요분포

국내에는 1995년 8월에 처음 발생이 확인되었고, 서울, 경기, 강원, 충북, 충남 등 대전 이북에서만 발생하였으나, 1996년 전북, 부산, 경남까지 피해가 확산되었으며, 최근 2010년 제주도에서도 피해가 확인되었다

관리방법

약제의 살포시기는 성충이 본격적으로 활동하는 5월 초순과 장마가 끝나고 세대교체기를 지나 약충이 성충으로 우화하는 7월 하순~8월이 적당하다. 온도가 높고 건조해질수록 피해가 확산되므로 강수량이 감소하는 6월과 9월에는 가로수에 거름주기를 철저히 해주어야 한다. 또한 낙엽, 가지에 붙어 있는 성충 및 유충은 수거해서 제거한다.

주의사항

버즘나무방패벌레에 대한 특별한 독성은 알려져 있지 않으나 약충에서 새로운 계열의 수많은 화합물들이 분비되어 세균 등의 활성이 보고되므로 피부가 약한 어린이나 노약자는 되도록 접촉을 피하는 등의 주의가 필요하다

Metcalfa pruinosa (Say)

미국선녀벌레

Citrus flatid planthopper

약충

생물학적 특징

성충의 크기는 7.5~8.5mm, 폭 2~3mm 정도이고, 알의 크기는 0.8mm 정도이며, 백색의 원통형이다. 약충의 크기는 3~4mm 정도이며, 약간 흰색에서 밝은 녹색을 띤다. 배면 끝에는 흰색의 밀납 물질이 붙어 있다. 마지막 약충의 크기는 5~6mm 정도이고, 흰색의 왁스 물질의 털이 붙어 있다. 앞날개는 회색에서 갈색을 띠며 거의 직사각형이고, 앞가슴 쪽으로 3~6개의 검은 점이 있으며, 뒤쪽으로 흰점이 산재해 있다. 앞가슴등판은 회색에서 흑갈색을 띠며, 온몸은 털로 덮여 있고, 겹눈은 밝은 노란색에서 황색을 띤다. 흡즙형 구기를 가지고 있고, 다리는 황색을 띠며, 뒷다리가 발달되어 잘 튀어오른다.

식별 | 유사종인 선녀벌레는 몸색이 옥색을 띠며, 봉화선녀벌레는 연노란색을 띤다. 미국선녀벌레는 몸색이 다양하지만 대체적으로 회갈색을 띤다.

생태 | 1년에 1회 발생하는 것으로 알려져 있으나, 지역에 따라 1년에 2회 발생하는 경우도 있다. 주로 5월 말에서 7월 중순경 출현한다. 성충은 주로 7월 중순에서 10월 말까지 출현한다. 주로 어린 잎을 선호하며, 탈피시 탈피각은 대부분 잎의 뒷면에 부착시킨다. 알은 9~10월경 기주

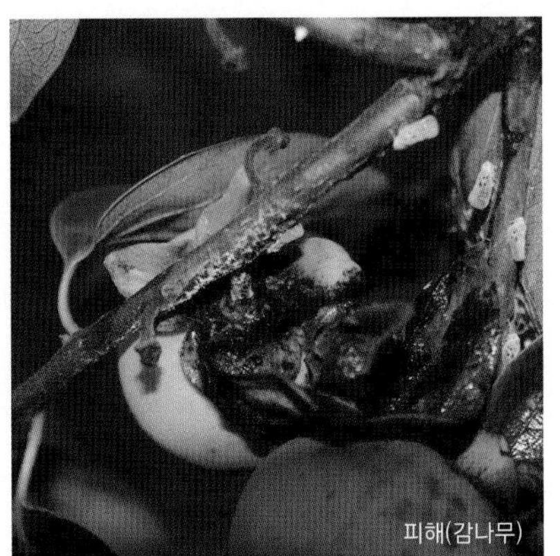
피해(감나무)

피해

식물의 나뭇가지 밑에 100여 개의 알을 산란하며, 알 상태로 월동한다. 부화 후 약 70일이 지나면 성충이 된다. 약충은 4회 탈피하며, 1~5령을 거쳐 성충이 된다.

기주식물은 아까시나무, 박태기나무, 당느릅나무, 벚나무, 물오리나무, 덩굴장미, 산수유, 칠엽수, 단풍나무, 신나무, 감나무, 붉나무, 오갈피나무, 무궁화, 비목나무, 산뽕나무 등 107종에서 발생이 확인되었다.

유입과 확산

원산지와 유입경로 | 북아메리카가 원산지이며, 비의도적인 유입으로 추정된다.

외국의 확산사례 | 1979년에 미군 수송기에 의한 유입으로 추정되는 것이 이탈리아에서 발견되었으며, 1980년 스페인, 오스트리아, 그리스 등으로 확산되었다. 이어 1990년 슬로베니아, 2006년 크로아티아, 세르비아에서 보고되었다. 유럽, 북아메리카에서는 과수의 주요 해충으로 분류된다.

국내 주요분포

국내에는 2009년 서울, 경기, 경남에서 처음 확인되었다. 그러나 2005년 한국감연구회의 매미충류 피해보고에 기록되어 있는 것으로 보아 그 이전에 침입한 해충으로 추정되고 있다.

관리방법

식물검역원에서 정한 관리병해충으로 살충제를 이용한 방법으로는 유기인계 5종(dichlorvos, fenitrothion, fenthion, methidathion, phenthoate), 카바메이트계 1종 등의 약제에 살충효과가 나타났으며, 인접한 산림을 동시에 방제하여야 한다. 효과적인 방제를 위해 약충시기인 5~6월 중순 사이에 약제를 살포하여 약충과 성충을 죽인 후, 알에서 깨어나는 시점인 7~10일 후 한 번 더 방제를 실시한다. 또한 겨울철 식물의 죽은 가지를 없애 발생원을 차단한다.

주의사항

약충은 수목의 잎을 갉아먹고, 성충은 식물의 즙액을 흡즙하여 수세를 약화시키고 감로를 배출하여 그을음병을 일으키며, 곰팡이 등이 감잎, 가지, 과일에 흡착되어 생육부진, 상품 저해 등의 피해 발생이 우려된다. 또한 바이러스 질환이 보고되므로 어린이나 노약자는 되도록 접촉을 피하는 등의 주의가 필요하다.

Lycorma delicatula (White)

꽃매미

Spot clothing wax cicada

알집

생물학적 특징

알은 타원형의 갈색을 띠며, 평균 40~50여개의 덩어리로 낳는다. 4령의 약충 과정을 거쳐 성충으로 우화하며, 2~3령의 몸색은 검은색 바탕에 흰점이 산재해 있고, 4령의 몸색은 붉은색 바탕에 흰점이 산재해 있다. 성충의 몸길이는 평균 15~20mm 정도, 날개를 편 길이는 평균 35~45mm 정도이다. 뒷날개의 1/2은 붉은색 바탕에 검은 반점과 흑갈색을 띤다.

식별 | 암컷은 복부 끝마디에 붉은색의 산란관을 가진다.

생태 | 알이 영하 10℃에도 살아 있는 것으로 보아 국내 전역에서 월동이 가능할 것으로 보인다. 7월경 성충이 나타나고 주로 8~9월에 밀도가 가장 높으며 10월 말까지 관찰된다. 기주식물의 줄기나 가지, 시멘트나 철근 구조물 등의 고체 표면에 알을 산란한다. 선호수종은 가죽나무, 버드나무, 때죽나무, 은사시나무, 포도나무, 배나무 등 총 40여 종의 기주식물이 확인되었다.

유입과 확산

원산지와 유입경로 | 중국 남부 및 동남아시아의 더운 지방이 원산지로 알려진 아열대성 해충으로 우리나라에는 2004년 천안에서 처음 목격되었다. 유입 경로는 확실하지 않으나 비의도

약충

4월 약충

성충

피해(포도밭)

적으로 유입된 것으로 추정된다. 2006년부터 밀도가 증가해서 2007년 서울, 경기, 충북에 발생하였고, 2008년 공주, 연기, 정읍, 상주 등에서 발생하였으며, 2009년에는 내장산, 계룡산, 소백산, 치악산 등의 국립공원 내에도 출현하였다. 2011년 현재 경남(산청, 창원, 밀양), 강원(고성, 삼척, 양구), 전남(여수)으로 정착 및 확산이 가속화되고 있다.

외국의 확산사례 | 중국의 북부에 가장 널리 분포하며 중국 남부와 동남아시아와 인도에도 분포하고 북아메리카나 유럽 등의 비아시아권에서는 자연에서의 출현이 보고되어 있지 않고 있으나, 피해식물이 다양한 점 때문에 식물해충으로 검역관리하고 있다.

국내 주요분포

천안, 경산, 영천, 옥천, 청주 등 포도재배지를 중심으로 퍼져 있으며, 수도권 및 국립공원에도 널리 분포하고 있다.

관리방법

기주식물의 범위가 넓으며, 특히 농가의 주요 소득작물인 포도에 심각한 피해가 예상되므로 살충제 개발 및 친환경적인 방제방법, 겨울철 알주머니의 물리적 제거, 생물학적 방제 곤충의 연구가 필요하다.

주의사항

꽃매미의 발생으로 국립공원 등 산림과 수변, 도심 등에서 많은 개체들이 무리를 지어 생활하기 때문에 경관 훼손 및 사람들에게 혐오감을 준다. 또한 식물을 흡즙하고 감로를 배출하여 그을음병을 일으키며, 잎의 광합성을 저해하여 수목의 수세를 약화시킨다. 또한 과수 농가에는 상품성 저해로 경제적으로 심각한 피해를 입히므로 주의가 필요하다.

Bemisia tabaci (Gonnadius)

담배가루이

Sweet-potato whitefly

©국립농업과학원 농업생물부 곤충산업과

©국립농업과학원 농업생물부 곤충산업과

알

생물학적 특징

알은 노란색을 띠는 긴 타원형으로 한쪽 끝에 달려있는 알자루가 식물의 잎에 삽입되어 고정되며, 길이는 0.2mm이다. 번데기는 납작한 부정형의 알 모양으로 길이가 0.7mm이다. 4령 약충은 몸이 투명한 백색을 띠고, 몸의 길이는 0.8~1.0mm 정도이며 위에서 보았을 때 흉부 쪽이 가장 폭이 넓다. 4령 종령 약충은 노란색을 띠게 되며 눈 주위가 붉어지는 특징을 가지고 있다. 성충은 체장이 0.8~1.0mm이며 체색은 짙은 황색이다.

식별 | 온실가루이에 비해서 고온에 강하며 살충제에 대한 저항성이 높다. 온실가루이는 작물의 위쪽 어린 잎에 분포하는 것에 비해 담배가루이는 전체적으로 고르게 분포한다. 온실가루이와 비교하여 성충이 날개를 일자로 펴서 날렵해 보이며, 날개 사이로 노란색 복부가 보인다.

생태 | 알-약충(1,2,3,4령)-성충의 단계로 성장하며, 어린 잎에 알을 낳는다. 알부터 성충까지의 발육기간은 온도와 기주에 따라 15~70일이다. 부화한 1령 유충은 담배가루이의 유일한 운동성 유충기간으로 2령부터 고착상태로 작물체 수액을 흡즙, 감로를 배설한다. 부화유충은 산란 장소에서 잎의 아랫부분으로 옮겨가서 섭식하고, 탈피하면 다리가 없어져서 고착생활에 들

어간다. 1~3령 동안의 약충기는 각각 약 2~4일이다. 제4의 약충기는 번데기라고 부르며 길이가 0.7mm로 약 6일을 보내고 여기서 성충이 우화한다. 성충은 복부에서 왁스를 분비하며 몸 전체를 가루로 덮는다. 교미는 우화 12~20시간 후에 이루어지며, 성충은 생존기간 동안 수차례에 걸쳐 교미한다. 암컷 성충의 수명은 약 60일이고 수컷은 그보다 더 짧아서 7~9일이다. 암컷은 최고 160개의 알을 낳으며, 연 3~4세대 발생한다. 기주식물의 범위가 넓어 600여 종 이상의 식물을 가해하여 피해를 준다. 또한 식물을 흡즙하는 과정에서 100여 종의 식물 바이러스를 전파하여 2차 피해를 일으키기도 한다.

유입과 확산

원산지와 유입경로 | 인도가 원산으로 추정되고 있고, 현재는 남극을 제외한 세계 각지로 확산되고 있다. 1995년 이스라엘로부터 수입된 장미에 유충과 번데기가 부착 유입되어 국내에 발생하는 것으로 추정된다.

외국의 확산사례 | 유럽, 지중해, 아프리카, 아시아, 아메리카 등 전 세계적으로 문제가 되는 해충으로 기주범위는 매우 넓어 63과 300여 종이 포함된다. 미국에는 목화의 주요 해충으로 연간 5억 달러 이상의 피해를 받는 것으로 보고되고 있고, 브라질, 방글라데시, 아프리카, 지중해 일대 등에서 피해 관리 대책이 강구되고 있다. 하와이에서는 아보카도, 브로콜리, 콜리플라워, 배추, 오이, 호박, 콩 등의 작물에 피해를 주는 것으로 기록되어 있다.

국내 주요분포

1998년 5월 충북 진천의 시설재배 장미에서 발생이 확인된 후 2003년까지 충북 진천, 경기 고양 등 일부 지역에서만 발생하였다. 2004년부터 경남과 전남지방 일부 토마토 농가에 문제가 되기 시작하면서 2005년에는 고추류 작물을 포함하여 충남 부여, 경남 거제, 전남 보성 등 넓은 지역으로 확산되고 있는 추세이다.

관리방법

식물검역원에서 관리해충으로 지정하고 유입을 경계하고 있다. 방제전략으로 육묘장 관리 등을 통하여 시설 내로 작물을 처음 들여올 때부터 해충을 철저히 제거하고, 창문, 통풍구 및 출입구에 비닐하우스용 방충망을 설치함으로써 외부로부터의 유입을 차단한다.

©국립농업과학원 농업생물부 곤충산업과
번데기

주의사항

성충과 약충 모두 기주식물의 즙액을 흡즙하여, 잎이 고사되고, 과실의 숙성을 저해한다. 약충이 배설하는 감로는 식물에 그을음병을 유발시킬 뿐만 아니라 정상적인 광합성을 저해하여 과실의 수량에도 영향을 주며, 여러 종류의 바이러스병을 매개한다. 고온기에 그 숫자가 폭발적으로 증가하므로 발견되면 철저히 관리해야 하며, 초기발생시 정확한 종 동정이 필요하다.

Ophraella communa Lesage

돼지풀잎벌레

Ragweed beetle

짝짓기

생물학적 특징

알은 노란색으로 달걀 모양이다. 유충의 몸길이는 5~7mm 안팎이며, 1령 유충은 황백색으로, 점차 색이 짙어져 종령 유충은 회황색으로 변한다. 두부와 다리는 흑색을 띠며, 긴 강모를 지닌다. 번데기는 황색이고 바깥쪽에 흑갈색의 불규칙한 실을 얽어 고치를 만들며, 그 안에서 용화한다. 성충의 몸길이는 4~7mm 안팎으로, 더듬이는 11마디이며, 제1마디, 제3마디는 다른 마디보다 약간 길다. 전흉배판은 육각형이고, 표면에 연모와 점각이 있고, 황갈색이다. 중앙에는 1개의 검은 줄과 양옆으로 각각 1개씩의 검은 반문이 있다. 딱지날개는 황갈색이고 세로의 흑색줄이 있으며, 연모와 점각이 있다. 가슴과 배의 복면은 검은색이며, 바깥모서리는 황색이다. 앞다리, 가운데다리, 뒷다리는 황색이며 각 마디의 끝과 부절은 흑색을 띤다. 암수의 무늬와 체색의 차이는 거의 없고, 일반적으로 암컷이 수컷보다 크기가 약간 더 크며, 수컷은 복부 마지막 판이 강하게 V자형으로 함입되어 있다.

식별 | 성충의 두부는 황색이고, 중앙에는 세로로 흑색 줄이 있으며, 이마는 흑갈색이다.

생태 | 1년에 4회 발생하는 것으로 보고되며, 성충으로 월동한다. 월동한 성충은 5월 중순경부

터 활동하기 시작하여, 20~40여 개의 알을 기주식물 잎의 주맥과 측맥 사이에 알주머니로 부착시킨다. 유충과 성충이 동시에 기주식물을 가해하며, 잎뿐만 아니라 꽃, 종자도 피해를 준다. 초기에 잎의 맥 사이에 식해로 인하여 구멍이 생기고 점차 심하게 가해를 받아서 대부분의 잎이 주맥의 일부를 남기고 고사하게 된다. 돼지풀잎벌레의 발생과 활동의 최성기는 7월 중순부터 9월 초순경까지이고, 10월 초순경까지 발생이 지속된다. 기주식물은 돼지풀, 단풍잎돼지풀, 해바라기 등이 알려져 있다.

피해

서식지

유입과 확산

원산지와 유입경로 | 북아메리카 원산이며, 목초 등에 묻어서 국내에 들어왔을 가능성이 있으나, 인근 국가와 같은 시기에 북아메리카에서 유입된 것인지, 혹은 일본이나 대만에 정착한 개체군의 일부가 유입된 것인지는 정확히 보고된 자료가 없다.

외국의 확산사례 | 1996년 일본의 지바현에서 처음 발견되었고, 규슈와 시코쿠섬에 급속히 확산되어 돼지풀에 피해를 주었다. 대만에서의 발생시점도 일본과 거의 같은 시기로 추정하며, 기주식물에 피해를 준다고 보고하고 있다.

국내 주요분포

2000년 대구 달성 화원유원지에서 처음 발견된 이후, 제주도를 포함한 전국에 분포하고 있다.

관리방법

천적인 곤충, 거미 등에 의해 유충과 성충이 포식되어 자연스럽게 생태계 균형이 이루어지고 있고 주로 나지, 하천변 등에서 서식하므로 산지, 경작지, 과수원 등에서 돼지풀잎벌레에 의한 피해는 거의 나타나지 않고 있다.

주의사항

특별한 인체 유해성은 알려져 있지 않다.

Lissorhoptrus oryzophilus Kuschel

벼물바구미

Rice water weevil

©김상수

©안수정

생물학적 특징

성충의 몸길이는 3mm 안팎이고 주둥이는 약간 길고 넓으며 등면은 황회색 비늘이 밀집해 있다. 알은 흰색의 원통형으로 물속에 있는 수초의 잎집 속에 길이 0.8mm 안팎, 폭 0.15mm 크기의 작은 알 100~200개 정도를 산란한다. 유충은 머리 부분과 12개의 마디로 구성되어 있고 몸은 우유색이며, 다 자란 유충의 몸길이는 10mm 전후로 메마른 흙속에서는 생존이 불가능하고 항상 물에 젖은 흙속에서 발육한다.

식별 | 성충은 암회색 바탕으로 등면 중앙에 크기가 일정하지 않은 큰 흑색 무늬가 있다. 유충의 표피는 지방이 발달하여 흙 속에서 분리되면 쉽게 물 위에 떠오른다. 피해를 입은 벼 포기를 뽑아서 물에 씻으면 유충이 뿌리에서 분리되어 물 위에 떠오르게 된다.

생태 | 연 1회 발생하며 유충과 성충이 기주식물에 피해를 준다. 4월 중순 무렵부터 활동을 시작하여 인근 잡초의 어린 잎을 섭식하며 모내기가 시작되면 기어가거나 날아서 논으로 이동한다. 대부분의 월동 성충은 5월 하순에 논으로 이동하여 하루에 1~2개씩 한 달 동안 약 30개 정도의 알을 수심 3cm 이내의 제1~2잎집에 산란하므로 이 무렵 성충 밀도가 가장 높다. 8월 중하

순부터 밭둑과 제방의 잡초, 산림 등 지표면의 1~5cm 이내에서 월동을 하며, 건조한 곳보다는 습도가 높은 장소를 좋아하고 월동밀도는 장소에 따라 변화가 크다. 기주식물은 벼과, 방동사니과, 골풀과, 닭의장풀과 식물로 주로 뿌리를 갉아먹는 등의 피해를 입힌다.

유입과 확산

원산지와 유입경로 | 미국 미시간주, 텍사스주 등이 원산지로 1880년 후반 미시시피강 유역에서 벼가 재배되면서 발생하였고, 1976년에 일본에서 발생하였으며, 국내에는 경기, 인천, 강원, 동해, 경남 등 주로 항구를 중심으로 발견되었다.

외국의 확산사례 | 1959년 미국 서부의 캘리포니아주, 1976년 카리브해 및 남아메리카의 도미니카, 1976년 일본 아이치현 등으로 각각 확산되었다.

국내 주요분포

1988년 7월 경남 하동군 고전면 범아리에서 처음 발견된 이래로, 1990년 경남, 전남, 경기, 강원, 경북 등으로 매년 분포지역이 확산되어 거의 전국적으로 발생하고 있다.

관리방법

월동성이 강하고, 바람을 타고 이동하기 때문에 순식간에 피해지역이 넓어진다. 따라서 생태계에 영향이 없도록 화학적 방제, 생물학적 방제, 경종적 방제 등을 종합하여 발생지역의 상황에 따라 적절한 방법을 선택하여 관리해야 한다.

주의사항

특별한 인체 유해성은 알려져 있지 않다.

Ceutorhynchus obstrictus Marsha

유럽좁쌀바구미

Cabbage seedpod weevil

짝짓기

생물학적 특징

알은 타원형으로, 작고 흰 불투명한 색이다. 유충의 몸길이는 5~6mm 안팎으로 몸색은 흰색이고, 성충의 몸길이는 3~4mm 안팎이며 몸색은 흑회색이다. 주둥이는 길고 굽어 있으며, 더듬이는 채찍마디가 6마디이고, 제2마디는 제3마디보다 길다. 앞가슴등판 중앙 세로홈은 깊은 편이고, 아랫면과 다리는 흰색의 인모가 피복되어 있으며, 앞날개는 폭의 길이보다 긴 편이다.

식별 | 유사종인 유채좁쌀바구미는 다리가 갈색이고, 유럽좁쌀바구미에 비해 크기가 작고, 다소 뚱뚱한 편이다.

생태 | 성충은 도로의 배수로, 식재림, 방풍림의 잎 아래에서 월동한다. 알은 6~7일 후 부화하고 부화 후 1령 유충은 꼬투리 외부를 먹고, 2령 유충은 꼬투리를 뚫고 씨앗을 섭식하며, 약 6주 동안의 유충기간을 가진다. 일반적으로 유충 1마리가 5개의 씨앗을 섭식한다. 4령이 경과한 후 성숙한 유충은 꼬투리 벽에 구멍을 내어 번데기가 되며, 약 10일이 지난 후 성충이 된다. 기주식물은 십자화과 식물(양배추, 브로콜리, 콜리플라워, 유채꽃, 냉이 등)에서 발생이 확인된다.

유입과 확산

원산지와 유입경로 | 유럽이 원산지이며, 비의도적인 유입으로 추정한다.

외국의 확산사례 | 1931년 브리티시컬럼비아에서 발견되었고, 남쪽과 동쪽으로 퍼져 대부분의 미국 전역으로 확산되었다. 그 후 러시아, 이탈리아, 헝가리, 캐나다, 스페인, 네팔, 오스트리아, 벨기에 등에서 피해가 보고되고 있다.

국내 주요분포

서울, 정읍, 금산, 포항, 대구, 여수, 제주도 등 강원도 일부 지역을 제외한 전국에 분포한다.

관리방법

성충은 꽃봉오리를 먹고, 유충은 꼬투리 출구에 구멍을 내며, 구멍을 통해 균에 감염되면 씨가 손상되기도 하고, 꼬투리를 섭식하여 기주식물을 말라 죽게 한다. 그러므로 살충제를 살포하고, 꼬투리를 자른다. 생물학적 방제로는 국외의 경우 유럽과 미국에서 기생 말벌류를 이용하여 *Microctonus melanopus*는 성충을, *Trichomalis perfectus*는 유충을 공격하여, 개체수를 감소시킨다는 보고가 있다.

주의사항

특별한 인체 유해성은 알려져 있지 않다.

서식지

Listroderes costirostris Schoenherr

채소바구미

Vegetable weevil

생물학적 특징

알은 지름 0.6mm 정도이고, 타원형의 투명한 흰색이며, 부화 전에 검은색으로 변한다. 일생동안 약 300~1,500개의 알을 낳는다. 유충의 몸길이는 10~14mm이고, 색은 옅은 녹색이며, 머리가 황갈색이다. 몸은 변이가 많으며 옆 주름이 많다. 번데기는 8mm 안팎이고, 처음에는 연노란색을 띠며, 나중에는 갈색으로 변한다. 성충의 몸길이는 8mm 안팎이다. 주둥이는 짧고 통통하며, 몸은 황갈색을 띠며 회색의 인편으로 덮여 있다.

식별 | 앞가슴 중앙에 세로로 회갈색의 줄이 있으며, 앞날개 끝에는 각각 V자 모양의 흰무늬가 있고, 뒤 경사부에 돌기가 있다.

생태 | 1년에 1회 발생하며 노지에서는 성충으로 월동하고 주로 밤에 활동한다. 성충은 처녀생식을 하며, 평균수명은 1~2년 정도이며, 유충과 성충이 동시에 피해를 입힌다. 봄부터 초여름에 걸쳐 발생하고, 여름에는 여름잠을 자다가 가을부터 이듬해 봄까지 산란한다. 알기간은 10~70일이고, 유충은 10월에서 이듬해 5월까지 발견되며 봄에 많이 발생한다. 다 자란 유충은 5~6월에 흙속에서 번데기가 되는 특이한 습성을 가지고 있다. 기주식물은 유채, 시금치, 망초, 털질경이, 배추, 무, 들깨 등 26과 90여 종으로 알려져 있다.

유입과 확산

원산지와 유입경로 | 브라질이 원산지이며, 비의도적인 유입으로 추정된다.

외국의 확산사례 | 일본, 대만, 북아메리카, 호주, 남아프리카 등지에 분포한다.

국내 주요분포

1988년 경남 김해에서 최초 발견되었고, 1996년 완주, 무안, 광주, 서천, 부여, 1997년 나주, 1998년 보성, 북제주, 2000년 서귀포에서 발생한 기록이 있다. 현재 강원도 일부 지역을 제외하고 전국적인 발생을 보인다.

관리방법

유충이 살충제에 대한 감수성이 높아 작물재배 기간중에 살충제가 살포되는 포장에서는 피해가 크게 나타나지 않으므로 3~5월경 유충이 발견되면 약제를 살포한다. 포장 주위 망초 등 잡초류를 제거하여 발생원을 차단한다.

주의사항

특별한 인체 유해성은 알려져 있지 않다.

Hypera postica Gyllenhal

알팔파바구미

Alfalfa weevil

©김상수

©김상수

생물학적 특징

알은 노란색이며 시간이 경과되면 갈색으로 변한다. 유충은 연노랑 또는 녹색을 띠며, 등면에 세로로 긴 흰색 줄이 있고, 크기는 8~10mm 안팎이다. 성충의 몸길이는 6~8mm 안팎이며, 몸색은 암갈색 또는 흑색을 띤다. 암컷의 평균 산란수는 500~2,000개 정도이다. 각 시기별 기간은 알 7~14일, 유충 20~30일, 번데기 10~14일이다.

식별 | 유사한 종인 큰뚱보바구미는 앞가슴등판에 3개의 세로줄이 있고, 주둥이는 짤막해서 앞가슴등판의 길이보다 짧고, 딱지날개 중앙에 패인 홈이 있다. 그러나 알팔파바구미는 앞가슴등판에 두꺼운 2개의 세로줄이 있고, 딱지날개의 가운데에도 갈색의 무늬가 있다.

생태 | 성충 상태로 숲이나 잡초 등에서 월동한 후 3월 상순에 재배지로 이동하고, 유충은 3월 하순~4월 상순 발생이 시작되며, 5월 상순이 최대 발생시기이다. 유충은 여러 마리가 군집하여 잎과 꽃잎을 갉아먹는다. 1~2령충은 어린 잎에 구멍을 뚫어 피해를 주고, 3~4령충은 꽃, 어린 잎, 줄기를 가리지 않고 모든 부위를 폭식한다. 5월 중순에 대부분 번데기가 되며, 6월 중순 이후에 인근 숲으로 이동 후 여름잠, 겨울잠을 거쳐 이듬해 봄까지 지낸다. 기

주식물은 자운영, 헤어리벳지, 콩, 감자, 배추, 고추 등으로 알려져 있다.

유입과 확산

원산지와 유입경로 | 1904년 미국에서 처음 발견된 후, 유럽, 북아프리카, 중동, 인도, 서아시아에 걸쳐 광범위하게 분포하며, 밀원식물로 도입된 자주개자리와 토끼풀류 등을 따라 유입된 것으로 추정된다.

외국의 확산사례 | 미국에서 처음 발견된 후 48개주에서 발생하여 피해를 주고 있다. 일본에서는 1982년 콩과식물인 갈퀴나물류, 토끼풀 등에서 피해가 보고되었으며, 중국에서는 1980년 역시 콩과식물인 자운영에 발생하여 피해가 점점 확산되었다.

국내 주요분포

1994년 제주도에서 처음 발견되었고, 2005년 경남 사천과 하동에서 자운영과 콩 재배지, 2008년 구례 등으로 분포가 확산되었다.

관리방법

토양의 배수가 불량하거나 기주식물이 과다 생육한 환경에서는 알팔파바구미에 의한 피해가 심각하므로 배수 관리를 철저히 해야 하며, 천적 등을 이용하여 친환경적으로 관리해야 한다. 또한 발생을 억제시키는 약제를 살포하여 방제해야 한다.

주의사항

특별한 인체 유해성은 알려져 있지 않다.

Hypera punctata Fabricius

큰뚱보바구미

Clover leaf weevil

©김상수

©김원근

생물학적 특징

알은 지름 1mm이고, 부화 전에 점차 검은색으로 변한다. 유충의 몸길이는 12~13mm이고, 연녹색을 띠며, 등면 중앙 흰색 줄무늬 주변으로 분홍색 또는 붉은색의 얼룩으로 테를 이루고, 머리는 갈색을 띤다. 번데기의 몸길이는 5.5~7mm이고, 황록색을 띠며, 고치가 포함되어 있다. 성충의 몸길이는 5~8mm 안팎이고, 몸색은 갈색과 회색의 다양한 색을 띤다. 체표는 인편으로 덮여 있고, 전흉배판에 3개의 세로줄이 있다. 주둥이는 짤막해서 앞가슴등판의 길이보다 짧다. 딱지날개 중앙에 낮게 패인 홈이 있다.

식별 | 유사종인 알팔파바구미의 유충은 녹색을 띠며, 등면이 흰색 줄무늬가 있고, 분홍색이나 붉은색의 테가 없으며, 머리는 검은색을 띤다.

생태 | 1년에 1회 발생하며 야행성이다. 유충은 이른 봄부터 먹이활동을 시작하며, 밤에 주로 먹이를 먹는다. 성충은 7~10월경 활동하며, 식물의 줄기, 잎자루 속에 알을 낳는다. 유충은 땅속에서 겨울을 보내고 봄에 우화한 성충은 여름잠을 자며 성충으로 월동하는 것으로 알려져 있다. 기주식물은 토끼풀, 알팔파, 강낭콩 등 콩과 식물과 옥수수, 밀 등으로 확인된다.

유입과 확산

원산지와 유입경로 | 유럽이 원산지이며, 비의도적인 유입으로 추정된다.

외국의 확산사례 | 19세기 초 미국에 침입하였고, 일본의 경우 1978년 요코하마에서 처음 발견되었다.

국내 주요분포

국내 분포는 잘 알려져 있지 않으나 서울, 대전, 대구, 여수에서 관찰되었다.

관리방법

3월 하순에 발생을 억제시키는 약제를 살포하여 방제하며, 천적 등을 이용하여 친환경적으로 관리해야 한다.

주의사항

특별한 인체 유해성은 알려져 있지 않다.

Monomorium pharaonis (Linnaeus)

애집개미

Pharaoh ant

©신동오

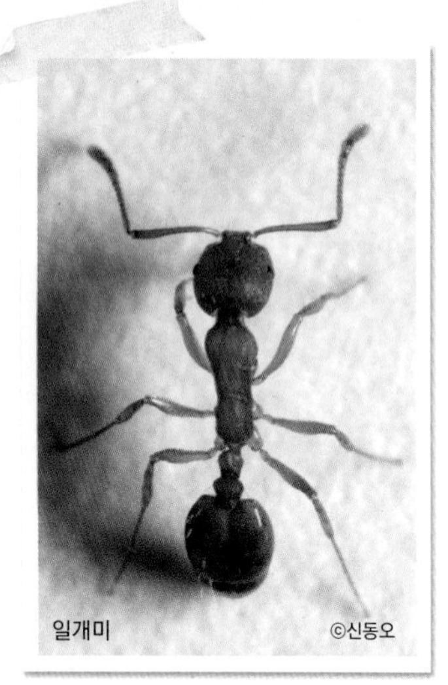
일개미 ©신동오

생물학적 특징

일개미의 몸은 연한 황갈색이며 배의 제1마디 뒷부분부터 배 끝까지는 갈색이다. 머리 양 옆의 겹눈은 검고 큰 턱에는 4개의 이가 있다. 더듬이는 12마디이며 채찍마디의 끝 3마디는 길고 굵은 곤봉 모양이다. 가슴은 잘록하고 뒷부분에 가시 모양의 돌기가 없어 윤곽선이 매끄럽다. 가슴과 배를 연결하는 배자루는 2마디이며 첫 번째 마디의 앞부분은 가늘고 길게 뻗어 있다. 일개미, 병정개미, 여왕개미, 수개미로 구성되어 있으며, 일개미의 크기는 2~2.5mm, 여왕개미는 3.5~4mm 정도이다.

식별 | 흔히 애집개미를 불개미로 부르지만 두 종은 서로 다른 종이다. 애집개미가 속하는 두마디개미아과는 형태적으로나 생물학적으로 가장 변이가 심한 아과로, 세계적으로 가장 많은 수의 속과 종이 분포하는 것으로 알려져 있다. 머리에서 제1, 2배자루마디까지는 노란색을 띠며, 배의 끝부분에는 노란색 바탕에 검은색 줄무늬가 있다.

생태 | 27℃, 80% 습도 조건에서 애집개미 알은 5~7일 후에 애벌레로 부화한 후 22~24일간 성장한다. 9~12일 후 번데기 단계로 접어든다. 성숙을 위해서는 총 38~45일이 소요되고 성적으

로 성숙하기 위해서는 추가로 4~5일이 걸린다. 하나의 여왕개미는 수백 마리의 일개미를 생산할 수 있다. 애집개미는 내부 수정을 위한 교미기관을 가지고 있으며 여왕개미가 최소 수컷 한 마리와 교배 후에 수정낭 속에 정액을 보유하게 된다. 여왕개미는 나머지 생존 기간을 통해 여왕개미의 알을 수정하기 위해 저장된 정액을 사용한다. 여왕은 일생에 400개 이상의 알을 낳을 수 있으며 회당 10~12개의 알을 산란하고 후에 4~7개를 더 낳는다. 애집개미는 작은 무리를 이루며, 수명은 일개미가 약 1년, 여왕개미는 최대 3년 정도이다. 잡식성이고 젤리, 설탕, 꿀, 빵 등 단것을 좋아하고 버터, 베이컨과 같은 기름진 음식을 즐긴다. 최근에는 애집개미가 죽은 바퀴벌레, 귀뚜라미와 같은 곤충을 즐기는 것이 발견되었다.

©신동오 여왕개미

유입과 확산

원산지와 유입경로 | 중앙아프리카가 원산지이며, 아시아, 북아메리카, 중남아메리카, 유럽, 호주, 태평양 등 전 세계적으로 분포하고 있다. 수입 식물 검역기록을 보면 이 종이 포함된 속과 주로 집에 서식하는 개미류가 대부분 살아 있는 관엽식물의 썩은 부위 또는 뿌리를 보호하기 위한 보습제, 인공재배 매체 등에서 발견되는 점 등으로 볼 때 1930년대 일본인들이 국내로 들어오면서 가져온 화분 등에 심겨진 식물이나 이삿짐 등에 부착 유입되었을 것으로 추정된다.

외국의 확산사례 | 일본, 독일, 폴란드 등에서 애집개미가 질병(세균성 병원체)의 매개체로 작용할 수 있다는 보고가 있으며 세계 각국에서 애집개미의 박멸에 많은 노력이 이루어지고 있다.

국내 주요분포

큰 집단의 경우 일개미의 수는 수천에서 수십만 마리가 되기도 하며 한 집단에서 여러 마리의 여왕개미가 발견되기도 한다. 겨울철에는 활동하는 일개미의 수가 적어지기는 하나 난방시설이 잘된 따뜻한 집에서는 쉽게 볼 수 있다.

관리방법

주요 위생해충으로 병원 등에서 병의 매개체로 문제가 되며 실내 해충으로 건물의 대부분 지역에 출몰하여 먹이를 섭식하는 광식성이고 12가지 이상의 병원균을 옮기기 때문에 방제의 중요성이 매우 높다. 개미의 방제를 위해서는 군집 전체를 제거해야 하며 그러기 위해서는 주거 공간 내에서의 추적행동 습성을 고려해 억제하는 것이 효과적이다.

주의사항

애집개미는 식품해충으로도 유해하지만 사람을 물기도 한다. 방안에 여러 마리가 있을 때는 유아들을 물거나 홍반이나 가려움증을 유발하며 연쇄상구균, 녹농균 및 황색포도상구균 등의 세균성 병원체의 매개체 역할을 한다. 간혹 애집개미나 애집개미가 발생한 물질이 호흡기로 들어갈 경우 체질에 따라서는 알레르기성 기관지 천식을 일으킨다.

Hyphantria cunea (Drury)

미국흰불나방

Fall webworm

유충 섭식

생물학적 특징

알의 크기는 0.5mm 정도로 색깔은 밝은 녹색을 띤 구형이며, 털로 덮여 있다. 유충의 크기는 약 30mm 내외이고, 성숙한 유충의 몸은 흰색의 긴 털로 덮여 있으며, 등선 부위는 녹색 바탕에 검은 반점이 있다. 성충은 온몸이 흰털로 덮여 있고, 날개에 흑색 점이 산재하는 개체도 있다. 날개를 편 길이는 35~42mm이고, 앞다리 밑마디는 밝은 노란색 또는 오렌지색을 띤다. 암·수 구분은 더듬이 모양의 차이로 구분되는데 더듬이가 모두 톱니형이나 수컷의 더듬이는 양측 빗살 모양이다. 번데기의 크기는 7~11mm 정도이며 얇은 고치로 싸여 있고, 색깔은 광택이 나는 갈색이다.

식별 | 유사한 종인 배붉은흰불나방은 배의 등면이 적색이고, 각 마디의 옆과 등 부위에 검은 큰 점이 있으며, 앞다리와 가운뎃다리의 일부는 붉은색을 띤다. 미국흰불나방은 배의 등면과 옆면이 담황색을 띠며, 앞다리의 일부는 주황색을 띤다.

생태 | 위도와 지역에 따라 연간 세대수의 차이가 나지만 보통 연 2~3회 발생한다. 5월 초순경부터 10월 말경까지 출현하며, 주로 7~9월에 왕성한 활동을 한다. 5월 말경 짝짓기를 한 후 기주

식물의 잎 뒷면에 약 250~500개의 알을 낳고 암컷 성충의 복부에서 나온 털로 알을 덮어 놓는다. 알에서 1~2주 후면 부화하여 실로 잎을 싸고 그 속에서 모여산다. 6령을 거치며, 령이 지남에 따라 점점 어둡고 검은색으로 변하며, 유충기간은 보통 40일 내외이다. 성숙한 유충은 나무의 틈, 지피물, 부엽토 등에서 번데기가 되며, 기간은 12일 정도이다. 선호수종은 양버즘나무, 벚나무, 살구나무, 느릅나무, 산수유, 뽕나무, 복사나무 등 102종을 먹이 대상으로 하는 잡식성 해충으로 먹이가 부족하면 초본류도 먹는 것으로 알려져 있다.

유입과 확산

원산지와 유입경로 | 북아메리카 원산으로 유럽, 러시아, 아시아 등에 분포하며, 한국전쟁 때에 미군 물자가 들어오면서 유입된 것으로 추정하고 있다.

피해

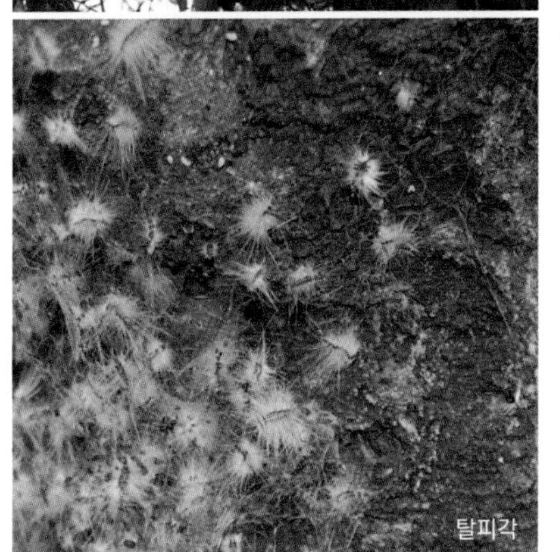
탈피각

외국의 확산사례 | 제2차 세계대전 당시 군수물자를 따라 여러 나라에 퍼지게 되었다. 미국은 200종 이상의 수종에 피해를 주고, 유럽에서는 헝가리 103종, 유고슬라비아 85종, 구소련 48종이 보고되고 있으며, 일본은 317종의 수종에 피해를 주는 것으로 알려져 있다. 아시아 지역의 침입시기는 1948년 일본, 1958년 한국, 1979년 중국의 순으로 발생하기 시작한 것으로 보고되었다.

국내 주요분포

1958년 서울의 이태원동에 있는 미군 주둔지 부근의 가로수에서 처음으로 미국흰불나방의 발생이 보고된 이후 1970년대 전국적으로 매우 심각한 피해를 나타내었으나 집중방제로 1980년대 중반부터 피해면적이 급감하였다. 그러나 최근 2009년을 기점으로 다시 밀도가 증가하고 있는 추세이다. 2011년 현재 제주도를 제외한 전국에서 분포가 확인되었다.

관리방법

4령기까지의 어린 유충은 집단생활을 하고, 피해를 받은 잎이 하얗게 변해 쉽게 발견되므로 유충이 분산하기 전에 지엽을 제거하거나 산란된 잎을 채취하여 소각하며, 수피, 지피물 등에서 번데기를 연중 채취하는 것이 효과적이다. 효율적인 방제를 위해 6월 중순과 장마가 끝나고 세대교체기를 지나 유충이 성충으로 우화하는 8월 상순이 약제 살포의 적기로 판단된다. 산림병해충으로 관리되고 있다. 미국흰불나방 피해가 심한 지역에서는 애벌레가 좋아하는 버즘나무 등 활엽성 가로수를 침엽수로 바꾸는 것도 관리방법의 하나이다.

주의사항

미국흰불나방 애벌레의 털은 피부나 눈에 닿으면 피부염, 눈병, 호흡기 질환을 유발할 수 있어 각별한 주의가 요구된다.

Spodoptera exigua (Hübner)

파밤나방

Beet arnuworm, Armyworm

생물학적 특징

알은 0.3mm 내외의 구형이며 담황색으로 무더기로 산란한다. 알 덩어리는 인편으로 덮여 있고 보통 50~150개의 알로 이루어져 있다. 애벌레는 5령의 단계를 거치고, 어린 시기에는 황록색이지만 중간 이후에는 색깔의 변화가 심하여 녹색 또는 갈색이며, 측면에는 뚜렷한 흰 선이 있고 기문 주위에는 분홍색의 반달무늬가 있다. 알에서 막 깨어난 유충 크기는 1mm 안팎이고 다 자란 유충은 35mm 정도이다. 번데기의 몸길이는 15~20mm이고, 연한 갈색을 띤다. 성충의 몸길이는 15~20mm, 날개를 편 길이가 25~30mm이다. 앞날개는 회갈색이며, 중앙에 황색 점이 있고 그 옆에 콩팥 무늬가 있다.

식별 | 담배거세미나방과 유사하지만 성충의 크기는 더 작으며, 유충은 머리 부분에 검은 점선 모양의 띠가 있다.

생태 | 연간 발생횟수는 4~5회이고 남부지방에서는 6월 상순부터 11월 하순까지 발생하며 발생 최성기는 9월 중순경이다. 중부지방에서는 월동이 불가능하지만 시설하우스 내에서 재배되는 식물에는 연중 계속 발생할 수 있다. 알기간은 2~5일, 유충기간은 9~23일, 번데기기간은

5~14일, 어른벌레의 산란기간은 5~8일이며 암컷 한 마리당 50~150개씩 알덩어리로 산란수는 300~600개 정도이다. 기주범위가 넓어 채소, 화훼, 과수, 특작물, 잡초 등 거의 모든 식물을 가해한다.

유입과 확산

원산지와 유입경로 | 동남아시아가 원산지이며, 비의도적인 유입으로 추정된다.

외국의 확산사례 | 1876년 북아메리카에서 발견되었고, 열대, 아열대, 온대 지방에 널리 분포하며, 일본은 1958년 가고시마 지역의 사탕무에서 최초 발생이 보고되었으며, 동북아시아에서는 1980년대 중반 중국, 대만, 일본 등지에서 발생량이 급격히 늘면서 피해가 보고되었다. 세계적으로 40과 200여 종을 가해한다.

국내 주요분포

1926년 황해도 평남 지역의 사탕무를 가해하며 강구에서 최초로 기록되었고, 1986년 전남 진도에서 피해가 확인되었다. 1988년부터 전국적으로 피해가 대량 발생하여, 채소, 화훼, 과수, 밭작물, 특용작물 등 약 52종의 기주식물을 가해하며, 해마다 발생이 증가하고 있다.

서식지

관리방법

세계적으로 약제에 대한 저항성이 강한 해충으로 유명하며 국내에서도 방제가 어려운 해충이다. 1~2령의 어린 유충기간에는 비교적 약제 방제가 가능하지만 3령 이후부터 노숙유충이 되면 약제에 대한 내성이 증가하고 줄기 속에 들어가 가해하므로 약제에 노출될 기회가 적어져서 방제가 어려워진다. 발생량이 많을 때에는 7~10일 간격으로 2~3회 살포하며, 국내에서 고시된 약제는 그로포·주론(야무진), 디아펜치우론(페가써스), 벤설탑(루방), 비펜스린·그로포(질풍), 에토펜프록스(세베로), 클로르훼나피르(렘페이지), 클로르훼나피르·비펜스린(파발마), 루페누론(파밤탄) 등이 있다.

주의사항

특별한 인체 유해성은 알려져 있지 않다.

Cyprinus carpio (Hübner)

이스라엘잉어(향어)

Leather carp

ⓒ청록환경생태연구소

ⓒ청록환경생태연구소

생물학적 특징

몸길이는 약 30~60cm로 등과 측선 주변에 큰 비늘이 있고 그 밖의 부분에는 비늘이 없다. 체색은 녹갈색으로 등 쪽은 짙고, 배 쪽은 연하다. 등지느러미와 꼬리지느러미는 약간 어두운 색깔을 보이나 그 이외의 지느러미는 밝은 색이다. 성장이 빠르고 육질이 단단하며 잔가시가 적기 때문에 식용으로 널리 이용되고 있으며 향어라고 부르기도 한다.

식별 | 이스라엘잉어는 체색이 갈색 및 녹갈색이고, 등 쪽과 측선 부근에 큰 비늘이 드문드문 나 있다. 또한 잉어에 비해 몸의 높이가 더 높다. 반면, 잉어는 몸색은 어두운 색에서 아주 밝은 색까지 다양하고, 몸이 길고 납작하며, 몸 전체에 비늘이 덮여 있다.

생태 | 이스라엘잉어는 주로 호소나 큰 강의 하류처럼 물 흐름이 느리고 바닥이 뻘로 이루어진 곳에서 서식한다. 기본적인 생태적 특성은 잉어와 비슷하며 산란기는 5~6월이다. 알은 주로 수초 등에 부착하며 부화 후 3일이 되면 약 7mm 정도로 자란다. 성숙한 암컷 한 마리는 보통 10만~30만 개의 알을 낳는 것으로 알려져 있다. 유어시기에는 물벼룩 등의 동물성 플랑크톤을 주로 먹으며, 성어는 잡식성으로 동물성 먹이와 식물성 먹이를 가리지 않고

잘 먹는다. 수온 15℃ 이상에서 먹이를 먹기 시작하고 24~28℃에서 섭식 활동이 가장 왕성하다. 환경 적응력이 높아 자연수계에서도 잘 적응하지만 자연 번식률은 낮은 것으로 알려져 있다.

유입과 확산

이스라엘잉어는 비늘이 적고 몸높이가 낮은 독일산 품종의 가죽잉어(leather carp)와, 몸높이가 높은 이스라엘 토착 잉어와의 교잡에 의하여 개량된 품종으로 지금은 이스라엘뿐만 아니라 세계 여러 나라에서 양식하고 있다.

원산지와 유입경로 | 1973년 이스라엘의 농무성에서 3cm 치어 1,000마리를 우리나라에 보내와 실험양식에 성공해 1978년부터 전국 대형 호수에서 양식되었고, 1990년대 후반까지 내수면 양식업의 대상어로 각광을 받았으나, 내수면 가두리 양식이 금지되면서 크게 줄어들었다. 최근 국내에 유통되는 이스라엘잉어의 절반가량은 중국산으로 알려져 있다.

외국의 확산사례 | 최근까지 확산으로 인한 피해 사례는 확인되지 않았다.

국내 주요분포

이스라엘잉어의 가두리 양식이 활발했던 시기에는 전국적으로 많은 개체가 서식하였으나 최근에는 대부분 사라졌다. 이것은 국내 자연생태계에서 나타나는 이스라엘잉어의 낮은 번식률 및 인식 악화에 따른 방류사업 중단 등이 원인인 것으로 알려져 있다. 최근 대형 호수 등에서 확인되는 개체들은 대부분 양어장 및 낚시터에서 탈출한 개체들로 판단된다. 소양호 등에서는 이스라엘잉어와 자연산 잉어의 잡종 개체가 채집되어 보고된 적이 있다.

서식지

관리방법

국내 생태계에서는 자연번식이 어려워 다른 외래어종들에 비해 생태적 피해가 적은 것으로 알려져 있으나 자연생태계의 인위적 방류는 지양해야 할 것으로 판단된다.

주의사항

국내에서 식용으로 가장 많이 이용되고 있는 민물어류 중 하나이지만 자연 서식한 개체를 회로 먹으면 간디스토마충에 감염될 우려가 있다. 그렇지만 관리된 환경에서 서식하는 이스라엘잉어는 중간숙주인 쇠우렁이가 없어 기생충으로부터 안전한 것으로 보고된 바 있다.

Carassius cuvieri Temminck and Schlegel

떡붕어

Japanese crucian carp

생물학적 특징

떡붕어는 50cm까지 자라는 것으로 알려져 있으며 전체적인 외형이 붕어와 비슷하지만 몸의 길이에 비하여 높이가 높다. 입술이 얇고 수염이 없으며 옆줄은 머리 뒤쪽에서 시작하여 꼬리지느러미 앞쪽까지 이어진다. 배쪽의 체색은 백색에 가까우며 등 쪽으로 가면서 흑회색 색조가 강해진다. 등지느러미와 꼬리지느러미는 회색에 가깝고 다른 지느러미는 투명한 백색이다.

식별 | 떡붕어는 붕어와 유사하여 구별이 쉽지 않은데, 떡붕어의 눈은 붕어보다 아래쪽에 있고, 물 밖으로 내놓으면 비늘 사이로 피가 맺힌다. 좀 더 정확한 식별을 위해서는 아가미 속에 있는 새파의 수를 비교하는데, 떡붕어는 84~114개이고 붕어는 40~50개이다. 이들 종과 생김새가 비슷한 두 종간의 잡종을 희나리라고 부른다.

생태 | 떡붕어는 강의 하류나 저수지 등 유속이 느린 곳에서 주로 서식하며 중층이나 표층에서 생활하는 것으로 알려져 있다. 동물성 플랑크톤을 먹는 어린 시기를 제외하면 주로 식물성 플랑크톤을 먹지만 때로는 식물체 조직을 먹기도 한다. 산란철은 붕어의 산란시기와 동일한 5~6월경

이며 주로 수초의 표면에 산란한다.

유입과 확산

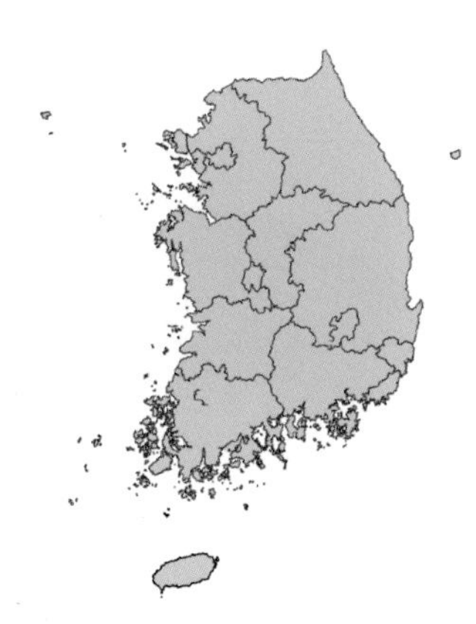

서식지 및 먹이가 붕어와 유사한 떡붕어는 성장이 빠르고 번식력이 뛰어나다. 이에 따라 떡붕어 확산에 따른 붕어의 서식지 및 개체군 감소가 전국적으로 나타나고 있다. 또한 떡붕어에 의한 붕어의 유전자 교란 문제가 보고되고 있다.

원산지와 유입경로 | 떡붕어는 일본 교토 인근의 비와호 원산으로 우리나라에는 1970년대 초 양식과 자원조성 목적으로 대형 댐 등에 도입되었다. 1970년에는 민간 양식업자가 수입하였고, 1972년에는 진해 내수면연구소가 일본 오사카담수어시험장에서 들여와 1980년부터 청평호와 소양호에 24만 마리를 방류한 것으로 알려져 있다. 이후 낚시를 위하여 전국의 많은 저수지에도 방류되어 현재 전국 대부분의 정체된 담수역에 넓게 확산되어 있다.

외국의 확산사례 | 일본에서는 여러 지역에 떡붕어를 방류한 결과 대부분의 지역에서 분포하고 있다.

서식지

국내 주요분포

떡붕어는 전국 대부분의 정체된 담수역에 넓게 확산되어 있으며, 수계 상류지역을 제외한 하천과 호수 거의 전역에 분포한다. 하지만 일부 산간 저수지나, 공원 등에는 아직 떡붕어가 유입되지 않은 것으로 알려져 있다. 떡붕어의 주요 서식지는 댐호, 저수지, 하천 하류역 등이며, 주로 유속이 느린 곳에서 높은 밀도로 분포한다.

관리방법

떡붕어는 붕어에 비해 성장속도가 빠르고 번식력이 강해 유입되었을 때 붕어보다 우점하는 결과를 초래하고 있다. 이에 따라서 붕어의 주요 서식지 중에서 떡붕어의 유입이 없고, 유입 단절이 가능한 곳은 붕어 보전지역으로 보호할 필요가 있다. 또한 붕어 보전 필요성이 높은 지역의 수계 상류나 인근 수역은 떡붕어의 자연 유입을 방지하는 등의 각별한 관리가 필요하다.

주의사항

떡붕어는 붕어와의 교잡 우려가 있기 때문에 보전이 필요한 지역은 유입과 확산이 일어나지 않도록 주의해야 한다.

Hypophthalmichthys molitrix Valenciennes

백련어

Silver carp

ⓒ송호복

ⓒ주재영

생물학적 특징

백련어는 '은빛잉어'라는 뜻으로 몸길이가 50~100cm 정도이며 몸높이가 높고 옆으로 납작하다. 눈은 작고 몸의 중앙보다 아래쪽에 있으며, 입은 비스듬히 위쪽을 향하고 수염은 없다. 비늘은 둥근 모양이며 측선은 머리 뒤부터 꼬리자루 끝부분까지 완전하게 형성되어 있다. 측선의 앞부분에서는 아래쪽으로 내려가며 꼬리자루 끝부분 가까이에서 약간 위로 올라가 직선이 된다. 배 쪽 중앙에는 융기연(가장자리 부분이 칼날처럼 튀어나온 것)이 형성되어 항문에 이른다. 등 쪽은 녹갈색을 띠고 배 쪽으로 갈수록 은백색이 돈다.

식별 | 백련어는 잉어과의 다른 외래종인 대두어와 매우 닮아 잘못 구분되는 경우가 있다. 백련어는 체색이 은백색이고, 가슴지느러미 아래로부터 융기연이 형성되어 있는 반면 대두어는 체색이 어둡고, 불규칙한 반문이 흩어져 있으며, 배지느러미 아래로부터 융기연이 형성되어 있다. 또한 백련어는 대두어에 비하여 머리나 입이 작고 눈도 더 위쪽에 위치한다.

생태 | 큰 강의 하류나 큰 강과 연결되는 대형 저수지, 댐호 등에 서식하며 물을 여과하여 식물

플랑크톤, 동물플랑크톤, 박테리아, 유기물 및 수중식물 등을 섭식(filter feeding)한다. 정수역이나 느리게 흐르는 민물에 서식하며, 생후 3년이면 산란이 가능하고 10년까지 산란할 수 있다. 온수성 어류로서, 수온이 22~23℃되는 물에서 활동하다가 수온이 16℃ 이하로 떨어지면 수심이 깊은 곳으로 이동한다. 알은 상류에서 하류로 떠내려가면서 부화되며 수정 후 2일 만에 부화한다. 치어는 주로 규조류와 녹조류 등을 먹으며 빨리 성장한다.

유입과 확산

우리나라에 식용으로 도입되었으나 서식 환경이 맞지 않아 자연증식은 하지 못하는 것으로 알려져 있다.

원산지와 유입경로 | 아시아 대륙의 동부가 원산지로 중국의 흑룡강 수계로부터 화남 또는 베트남 북부까지 분포하며 일본, 미국 등에도 분포한다. 국내에서는 지난 1970년대부터 10여 년 동안 수산청(현 농림수산식품부)에서 690만 마리를 낙동강, 영산강 등 20여 곳 호수와 강에 방류한 것으로 보고되고 있다.

서식지(팔당호)

©유승일 한강에서 포획된 백련어

외국의 확산사례 | 백련어는 양식장의 플랑크톤을 감소시키기 위해 1970년대에 북아메리카에 수입되었으나 현재는 생태계 영향이 심각한 외래종으로 인식되고 있다. 미시시피, 일리노이, 오하이오, 미주리강 등 여러 수계와 지류에 확산되었으며 이에 따른 수생태계교란이 심각하게 일어나고 있다. 또한 백련어와 대두어는 '비행 잉어(flying carp)'라고 불리는데 이는 선박 등이 지나갈 때 수면 위로 뛰어오르는 행동을 보이기 때문이다. 수면 위로 최대 3m 높이까지 솟구치는 백련어의 습성 때문에 배가 망가지거나 사람이 다치는 사고가 일어나고 있다. 최근 미국, 뉴질랜드, 네덜란드, 인도네시아, 말레이시아 등에서는 백련어를 침입성 외래어종으로 지정하여 관리하고 있다.

국내 주요분포

현재 국내에 방류된 백련어는 자연증식이 되지 않지만, 대형 댐이나 저수지, 강 하류에서 100cm에 달하는 대형 개체가 간혹 출현하고 있다.

관리방법

현재까지는 국내에서 많은 개체가 확인되지는 않지만, 향후 추가적인 백련어 방류는 자제해야 할 것으로 판단된다.

주의사항

수면 위로 뛰어오르는 백련어의 습성에 따라 수상스포츠 및 보트 주행시 주의가 필요하다.

Hypophthalmichthys nobilis Richardson

대두어

Bighead carp

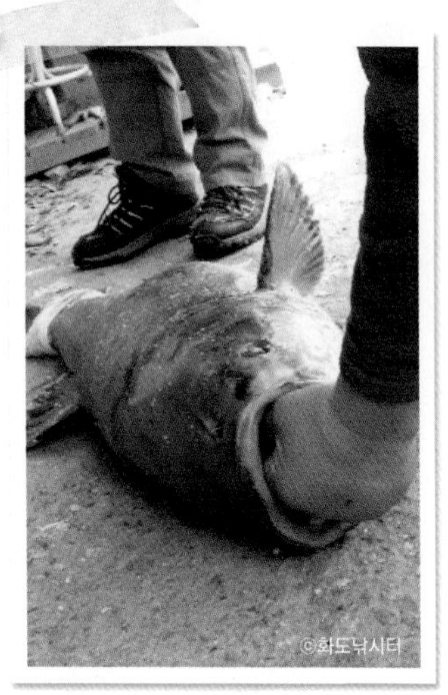

생물학적 특징

잉어과에 속하며 머리가 크기 때문에 대두어라고 한다. 대두어는 전장이 100cm 내외로 몸의 높이가 높고 옆으로 납작하다. 머리에는 비늘이 없으며 머리와 입이 크다. 눈은 머리의 아래쪽에 위치하고 입수염은 없으며 배쪽 중앙 배지느러미 아래로부터 항문까지 융기연(가장자리 부분이 칼날처럼 튀어나온 것)이 있다. 비늘은 둥근 모양이며 측선은 머리 뒤부터 꼬리자루 끝부분까지 완전하게 형성되어 있다. 등은 어두운 색이며 배쪽으로 갈수록 비교적 밝은 색이다. 옆면에는 암녹색의 구름 모양 반점이 있다. 대두어의 학명은 과거에 *Aristichthys nobilis*로 알려졌으나 현재는 *Hypophthalmichthys nobilis*로 사용되고 있다.

식별 | 대두어는 백련어에 비하여 머리나 입이 크고 눈도 더 아래쪽에 위치한다.

생태 | 대두어는 큰 강의 하류나 큰 강과 연결되는 대형 저수지, 댐호 등에 서식하며 동물플랑크톤을 주로 섭식하지만 동물플랑크톤이 적을 때는 식물플랑크톤과 유기물도 섭식한다. 빗살 모양의 새파를 통해 물을 거르고 여과섭식 기관을 통해 필요한 유기물들을 섭식한다. 용존산

소의 양이 적은 곳에서도 잘 생존하며, 백련어보다 더 깊은 곳을 선호한다. 백련어나 초어와 마찬가지로 상류로 올라가 산란하면, 알이 하류로 떠내려가면서 부화한다.

유입과 확산

우리나라에 식용으로 도입되었으나 서식 환경이 맞지 않아 자연증식은 하지 못하는 것으로 알려져 있다. 일부 국가에서는 수질관리를 목적으로 도입한 개체들이 자연생태계에 확산되어 침입성 외래종으로 관리되고 있다.

원산지와 유입경로 | 중국 남부와 라오스, 베트남 등의 온대 및 열대 호수가 원산지로 수온이 높은 민물에 서식한다. 세계적으로 중요한 양식 대상종으로 널리 이식되어 분포하고 있다. 우리나라에는 1967년 대만에서 치어를 수입하였고, 이후 10여 년간 한강, 낙동강, 안동댐, 팔당댐 등에 방류하였으나 자연번식이 잘 이루어지지 않아 일부 개체만 서식하고 있다.

서식지(팔당호)

외국의 확산사례 | 미국의 대두어는 1972년에 중남부 아칸소의 개인 양어장에서 수질을 관리하기 위해 처음으로 도입하였다. 자연생태계에서는 1980년 초부터 양식 시설에서 탈출한 개체가 발견되기 시작했으며 1994년에는 홍수의 영향으로 많은 개체들이 양식 시설을 벗어나 오사지강으로 유입되었다. 그 결과 캔자스강과 미주리강으로 확산되었으며 현재는 광범위한 수역에서 생태계교란을 일으키고 있다. 미국 정부는 아시아 잉어(대두어, 백련어)의 오대호 유입을 막기 위하여 군 엔지니어를 동원해 전기 장해물을 설치하였으며 현재까지도 확산 방지와 퇴치를 위해 많은 연구를 하고 있다. 미국, 뉴질랜드, 네덜란드, 인도네시아, 말레이시아 등에서는 침입성 외래어종으로 지정되어 있다.

국내 주요분포

방류된 대두어는 자연증식이 되지 않아 정착되지 않은 것으로 보고되고 있으며, 대형 댐이나 저수지, 하천 하류역에서 대형 개체가 간혹 출현한다.

관리방법

타 국가의 사례를 보면 생태계에 정착할 경우 위해성이 적다고 단정짓기는 어렵다. 향후 추가적인 대두어 방류는 자제해야 할 것으로 판단된다.

주의사항

수면 위로 뛰어오르는 대두어의 습성에 따라 수상스포츠 및 보트 주행시 주의가 필요하다.

Ctenopharyngodon idellus Sprague

초어

Grass carp

생물학적 특징

풀을 먹는 물고기란 뜻에서 초어라 불리며 최대 몸길이 150cm, 최대 몸무게 45kg으로 몸은 긴 직사각형이고 옆으로 납작하지는 않다. 몸색은 등 쪽이 회갈색, 옆쪽과 배 쪽은 은백색이다. 등지느러미는 약간 둥글고 그 기점(시작점)은 배지느러미보다도 약간 앞쪽에 있다. 등지느러미 연조 수 7개, 뒷지느러미 연조 수 7~8개, 측선 비늘 수 38~40개, 새파 수 16~19개이다. 머리 앞쪽이 넓고, 머리 아래쪽에 입이 있다. 측선은 아래쪽으로 완만하게 굽어 있으며, 꼬리 자루 쪽으로 중앙을 따라 나 있다.

식별 | 겉모양은 잉어와 비슷하나, 수염이 없는 것이 특징이다.

생태 | 습성은 잉어류와 비슷하여 15~30℃의 수온에서 활발히 움직이고, 수초나 육상의 부드러운 식물을 잘 먹는 초식성이다. 산란기는 6월 하순~7월 상순이며, 산란장소로 수온이 18~24℃가 되는 하천 상류를 선택한다. 암컷 1마리당 포란 수는 50만~80만 개 정도이고 알은 공 모양으로 연한 노란색이며, 강물을 따라 대개 100km 정도의 먼 거리를 흘러 내려가면서 부화한다. 강이 짧아서 알이 부화하기 전에 바다에 다다르면 번식 자체가 어려우므로, 초어가 번식하기 위해서는 강이 길고 수량이 풍부해야 한다. 갓 부

화된 자어의 몸길이는 5mm 정도이나, 한 달 만에 2.2cm까지 자라며 1년 만에 60cm, 체중 2kg 이상, 2년 만에 3kg, 3년 만에 5kg, 4년 만에 7kg으로 성장한다.

유입과 확산

방류된 초어는 수중의 수초를 대량으로 섭식하기 때문에 제초를 위한 목적으로 저수지나 하천에 방류하기도 한다. 하지만 국내에서는 초어의 섭식 특성에 따른 생태계교란이 예상되어 1982년 이후 방류사업을 중단하고 있다.

원산지와 유입경로 | 원산지는 아시아 대륙 동부로 양쯔강과 헤이룽강 등의 큰 강에서 자연번식이 가능한 것으로 알려졌고, 중국, 베트남, 라오스 등지에 분포하며, 양식 대상종으로 세계적으로 널리 분포한다. 우리나라에서는 1963년 11월 일본에서 20만 마리를 들여와 낙동강과 소양호 등에 방류하였다. 최초 도입 당시 대부분은 낙동강 수역에 방류되었고 일부는 국립수산진흥원 청평내수면연구소와 부산수산대학 양어장에서 자원 증식을 위한 종묘생산 시험에 들어갔다. 그 후 전국 주요 수계와 어민들에게 방류 및 분양되어 전국으로 확산되었다.

외국의 확산사례 | 일본 나가노현 노지리 호수에서는 수초가 현저하게 번성해 뱃길, 어로작업, 미관 등에 장해가 생기자 1978년 초어 새끼 5,000마리를 방류하였다. 그 결과 1981년에는 침수식물과 부엽식물이 거의 완전하게 소멸되었고, 1983년에는 새우, 돌고기의 어획량도 거의 없었다. 수초를 방제하기 위해 초어를 도입할 경우에 적정한 수의 방류와 계획적인 포획이 이루어지지 않으면 일본의 노지리 호수의 예와 같이 식물을 소멸시킬 뿐만 아니라 수생태계의 균형을 파괴하게 된다.

ⓒ화도낚시터

국내 주요분포

우리나라에서는 자연번식이 확인되지 않고 있으나, 방류 실적이 있는 일부 댐(소양호, 충주댐, 안동댐)과 저수지(경기도 물왕리 저수지, 공주 갑사지 등)에서 초어의 서식이 확인되고 있다. 또한 DMZ에 서식하는 초어에 의한 생태계교란이 보고된 적도 있다. 우리나라 담수계에서의 초어 분포 상태는 좀 더 자세한 조사가 필요하다.

관리방법

초어 한 마리가 먹는 수생식물의 양이 상당히 많은 편이므로 체계적인 관리가 필요하다. 해외에서는 수초 제거를 위한 초어 도입시, 수초량 및 호수의 면적을 고려하여 생식능력을 제거한 초어를 도입하고 있다. 국내에서도 초어를 도입할 때는 개체별 섭식량이 고려되어야 하며 이에 대한 국내 사례 연구가 요구된다.

주의사항

초어는 수생식물에 대한 생물학적 조절을 목적으로 도입된 바 있으나, 성장 속도가 빠르고 매우 많은 수생식물을 섭식하므로 도입에는 신중한 판단이 필요하다.

Carassius auratus Linnaeus

중국붕어

Crucian carp

생물학적 특징

중국에서 양식되어 우리나라에 식용과 이식용으로 수입되고 있고, 외부 형태는 토종 붕어와 비슷하여 구분하기 어렵다. 몸길이는 20~40cm로 50cm 이상으로 자라는 개체들이 보고되기도 한다. 몸은 옆으로 납작하고 꼬리는 넓은 편이다. 머리는 짧고 눈은 작다. 뒷지느러미는 짧고, 등지느러미의 가시에는 톱니가 있다. 등 쪽은 녹갈색이고 배 쪽은 은백색 혹은 황갈색이 많으나 환경에 따른 체색 변이가 심하다.

식별 | 수입 당시에는 육안으로 확인되는 경우가 있지만 자연 상태에 방류되었을 때는 육안으로 구별하기가 어렵다. 토종 붕어와 비교했을 때 몸집에 비해 머리와 입이 작고 비늘의 길이가 짧은 것으로 알려져 있다.

생태 | 잡식성이지만 주로 곡류 사료로 양식되고 있다. 같이 부화한 무리는 군집 생활을 하며 수온 변화, 산소 결핍, 수질 오염 등에 대한 강한 내성을 가졌다. 산란 수온은 18℃ 정도이고 알을 수초에 붙여 놓는다. 1년에 14~16cm, 2년 16~18cm, 3년에 20~23cm 정도로 성장한다.

유입과 확산

중국붕어와 토종 붕어는 학명이 같은 동일종이지만 수계와 환경이 전혀 다른 곳에서 서식하였기 때문에 유전적으로는 동일하지 않은 것으로 알려져 있다. 또한 우리나라에 수입되는 중국붕어는 양식에 적합하도록 다양하게 개량한 것으로 보고되고 있다. 중국붕어의 확산은 토종 붕어의 유전적 교란을 불러올 수 있다.

국내 주요분포

수입 초기에는 식용으로 들어왔으나 최근 낚시터에 이식승인이 나면서 전국의 낚시터에 퍼져 있는 상황이다. 일부 낚시터 주변 수계와 한강에 퍼져 있는 것으로 보고되고 있다.

관리방법

식용으로 수입되는 중국붕어는 검역기간이 비교적 짧아 이식승인 없이 낚시터에 방류하여 적발되는 사례가 발생하기도 하였다. 중국에서 양식되어 들어온 중국붕어의 경우, 교잡된 품종의 정보 및 사육과정, 수입과정 등에 대한 정보가 부족한 실정이다. 자연생태계로 무단 방류되어 유전적 교란 문제를 야기하지 않도록 해야 한다.

주의사항

중국에서 식용으로 수입된 중국붕어 및 이식승인을 받아 낚시터에 방류된 중국붕어가 자연생태계에 유입되지 않도록 주의해야 한다.

양식장

Clarias batrachus Linnaeus

열대메기

Walking catfish

생물학적 특징

열대메기는 민물 담수어류로서 우기(wet seasons)에 가슴지느러미를 이용하여 땅 위의 다른 서식지로 이동하는 모습 때문에 걷는 물고기(walking catfish)라고 불린다. 국내에서는 관상용으로 판매되는 알비노 형태의 밝은색을 띠는 개체가 많아 '알비노 클라라'라고도 한다. 수염은 4쌍이 있으며, 내비공(콧구멍) 주변에 1쌍이 있고 위턱에 1쌍, 아래턱에 2쌍이 있다. 몸 전체에 비늘은 없고 등지느러미와 뒷지느러미는 비교적 긴 편이다.

식별 | 열대메기는 일반적으로 어두운 회색이나 회갈색이며 측면에 여러 개의 백색 점이 있다. 알비노와 얼룩무늬의 변이를 가진 개체가 알비노클라라라는 이름으로 유통되고 있다.

생태 | 생후 1년이면 성숙하고 자연 상태에서는 60.96cm까지 자란 기록이 있다. 열대메기는 물속의 잔해물이나 수생식물을 이용해 둥지를 만들고, 수컷은 알을 지키며 새끼를 부화시킨다. 열대메기는 다른 물고기의 알과 유어, 작은 물고기, 갑각류, 곤충 등 매우 다양한 먹이를 먹는다. 자연 상태에서는 수온 10~28℃의 열대기후지역에서 주로 서식하며, 약 10℃ 이하에서는 서

식하지 못하는 것으로 알려져 있다. 열대메기는 아가미탈(새궁)의 호흡기관을 이용하여 대기 중의 공기를 호흡할 수 있다. 따라서 물속의 산소가 적은 곳에서도 잘 서식하며, 많은 시간을 바닥에서 머무르다가 가끔 수면에 올라와 호흡을 하고 내려가기도 한다.

유입과 확산

열대메기는 국제자연보전연맹(IUCN)에 의해 세계 100대 악성 침입성 외래종(100 of the World's Worst Invasive Alien Species)으로 지정되었으며 미국, 중국 등에서는 열대메기를 침입성 외래어종으로 지정하여 관리하고 있다.

원산지와 유입경로 | 원산지는 말레이시아, 태국, 스리랑카, 방글라데시, 미얀마, 인도네시아, 싱가포르 등 동남아시아 및 동인도이며 세계적인 양식어종으로 여러 국가에 도입되었다. 국내에는 1990년대 양식을 목적으로 수입하였으며, 최근에는 주로 알비노 형태의 개체(알비노클라라)들이 관상용으로 유통되고 있다.

외국의 확산사례 | 미국의 열대메기는 1960년대 초에 태국에서 플로리다로 수입되었으며, 캘리포니아, 플로리다, 조지아, 매사추세츠, 네바다 등에 도입되었다. 최근에는 애완용으로 길러지다가 방사된 것으로 추정되는 열대메기가 미국의 다른 지역들에서도 발견되고 있다. 열대메기는 포식성과 특이한 이동능력을 가지고 있어 타 어종에 비해 생태계 교란의 위험이 큰 어종이며, 토착어종들과 먹이 및 서식지에 대한 경쟁을 한다. 플로리다에서 열대메기는 양어장에 침입해 물고기들을 먹어치우는 것으로 알려져 있으며 양식업자들은 울타리를 설치하여 열대메기로 부터 양식장 및 저수지들을 보호하고 있다.

©박남기

국내 주요분포

현재까지 국내 생태계의 열대메기 서식은 보고되지 않았으나 많은 개체가 관상용으로 수입되었으며, 북한에서는 온천수, 태양열 온실 및 화력발전소의 온배수를 이용한 열대메기 양식이 활성화되어 있다.

관리방법

열대메기는 10℃ 이하의 수온에서 서식할 수 없는 것으로 알려져 국내 생태계에서는 서식이 어려울 것으로 판단되나, 나일틸라피아의 확산 사례와 같이 특정 지역에서 확산될 가능성을 배제할 수 없다. 현재까지 국내 서식이 보고된 바 없으나 타 국가에서의 생태계교란 사례를 살펴봤을 때 자연생태계로 유입되지 않도록 사전에 관리되어야 한다.

주의사항

열대메기는 다양한 생물을 포식하며, 특이한 이동능력까지 가지고 있어서 자연생태계 유입시 다른 외래어종에 비해 생태계교란의 위험이 클 것으로 판단된다.

Oncorhynchus mykiss Walbaum

무지개송어

Rainbow trout

생물학적 특징

성체의 크기는 약 35~50cm 정도이지만 양식용은 더 크게 자라기도 한다. 등과 머리 윗부분은 녹색조의 갈색이고 몸의 측면은 녹색조의 백색 또는 황색이며 배는 은색이나 백색 또는 회색이다. 몸통 측면에 약한 분홍색의 검은 반점이 흩어져 있으며 치어는 몸통 측면에 10개의 세로띠가 있다.

식별 | 무지개송어는 몸통과 지느러미 등 배 쪽을 제외한 몸 전체에 아주 작은 검은색 반점이 있으며, 성장할수록 그 점이 뚜렷해진다. 반면 열목어나 산천어는 지느러미에 점이 없기 때문에 쉽게 구분된다.

생태 | 냉수성 어종으로 맑고 차가운 하천이나 호수에 서식한다. 주로 담수에서 서식하며 일부 바다를 회유하는 개체도 있다. 최적 생육온도는 17℃ 정도이고 산란이 집중적으로 이루어지는 수온은 12℃이다. 산란기는 봄과 가을의 2가지 유형으로 나타나며, 봄에는 야생인 경우이고 가을에는 인위적으로 조절하여 10~12월에 산란을 유도한다. 자연적인 산란을 할 경우에는 주로 수컷이 꼬리지느러미와 뒷지느러미를 이용하여 자갈과 모래가 깔린 하천에서 산란장을 만들고, 산란 후에는 암컷이 알을 자갈로 덮어 보호한다.

유입과 확산

무지개송어는 세계 곳곳에 확산되어 있으며 외국의 연구에서는 생태계 교란, 유전자 교잡문제 등이 보고되고 있다. 국제자연보전연맹(IUCN)에 의해 세계 100대 악성 침입성 외래종(100 of the World's Worst Invasive Alien Species)으로 지정되었으며 미국, 호주, 뉴질랜드, 네덜란드, 중국, 인도네시아, 말레이시아 등에서는 침입성 외래어종으로 지정하여 관리하고 있다.

원산지와 유입경로 | 북아메리카가 원산이며 알래스카에서 캘리포니아까지 서식한다. 양식과 낚시고기로 각광받으며 미국 동부와 캐나다에 도입되었고, 유럽, 아시아 등으로 확산되었다. 국내에서는 1965년 국민소득증대와 식생활 개선 등을 목적으로 미국 캘리포니아에서 알을 수입하여 양식하였다.

외국의 확산사례 | 양식대상 어종으로 세계의 많은 나라에 도입되었으며, 현재 남극을 제외한 거의 모든 곳에 퍼져 있다. 일본의 경우 1877년에 처음으로 도입하였으며, 1934년까지 100만 개 이상의 알을 들여 왔고, 10년 동안 매년 무지개송어 성어를 포함한 치어를 꾸준히 도입한 결과 규슈, 시코쿠, 혼슈, 그리고 홋카이도 등 일본 전역에 정착하게 되었다. 또한 빠른 적응력과 번식력으로 일본 수계에 확산되었으며 산천어, 홍송어, 곤들매기 등 토착 연어과 어류와 경쟁하여 생태계 교란을 일으키고 있는 것으로 보고되고 있다.

서식지(충주호)

국내 주요분포

최근 양식장 주변 수역에 무지개송어가 출현하는 것으로 보고되고 있으며 내린천, 구천동천, 기화천, 옥동천, 지장천, 충주호 등에서 조사된 기록이 있다.

관리방법

무지개송어가 양식장이나 인공부화장으로부터 자연생태계로 유입되는 일이 없도록 관리가 필요하다. 또한 행사나 축제 등을 목적으로 방류할 때는 자연생태계에 확산되지 않도록 지역을 잘 선정하여 관리하여야 한다.

주의사항

국내 수계에 무지개송어가 확산된다면 서식환경 및 먹이가 비슷한 열목어와 산천어에 대한 생태적 교란이 발생할 것으로 판단된다. 또한 무지개송어는 밀집양식이 일반화되어 있어 무지개송어에서 유래된 전염성 질병이 자연생태계로 전이될 가능성이 있다.

Lepomis macrochirus Rafinesque

파랑볼우럭

Bluegill

생물학적 특징

몸과 머리가 옆으로 납작하며 몸의 높이가 높고 길이가 짧아 입, 꼬리부와 지느러미를 제외하면 계란형으로 보인다. 전장은 약 25cm이며, 1년에 5cm, 2년에 8cm, 3년에 13cm가량 성장하는 것으로 알려져 있다. 몸 색깔은 등 쪽이 짙은 푸른색이고 배면은 노란색 광택이 나며, 연령과 주위환경에 따라 차이를 나타낸다. 산란기의 수컷은 담청색의 띠와 함께 노란색과 주황색의 혼인색을 띤다. 암수 모두 아가미 뒤쪽 돌출된 부분에 푸른색 반점이 있어서 블루길(blue gill)이라는 이름이 붙었다.

식별 | 다른 민물어류에 비해 몸높이가 높으며 아가미 뒤쪽에 짙은 파란색 반점이 있어 다른 종과 쉽게 구별된다.

생태 | 정체성 수역을 서식지로 하며 주로 수초가 많은 곳에서 산다. 잡식어종으로 동물성 플랑크톤에서 수서곤충, 갑각류, 어류의 알이나 치어 등을 먹고 먹이가 부족하면 수초도 먹는다. 산란기는 5~6월이며 수컷이 바닥을 파내며 둥지를 만들고 암컷의 산란을 유도한다. 산란과 수정이 끝나면 수컷은 산소가 풍부한 물을 보내거나 공격자를 쫓는 등의 행동을 하며 부화한 후에도 일정 기간 새끼(자어)를 보호한다. 파랑볼우럭은 자어의 생존율이 높

고 수질오염 내성이 강하여 정체성 수역 유입시 빠르게 확산되는 것으로 보고되고 있다.

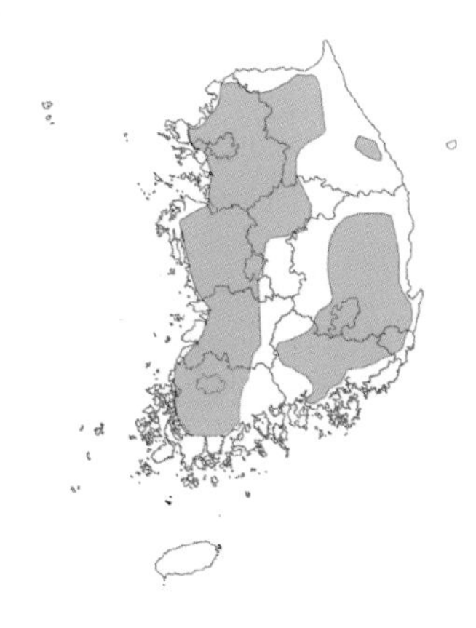

유입과 확산

급속한 번식으로 토착어종의 양적 감소를 가져오는 곳이 많고, 고유어종의 치어 및 새우류를 대량 섭식하는 등 수중 생물 다양성에 변화를 초래하고 있다. 파랑볼우럭은 국제자연보전연맹(IUCN)에 의해 세계 100대 악성 침입성 외래종(100 of the World's Worst Invasive Alien Species)으로 지정되었으며 일본에서는 생태계교란종에 해당되는 특정외래생물로 관리되고 있다.

서식지(주남저수지)

원산지와 유입경로 | 원산지는 북아메리카의 남동부 지역이나 우리나라에는 1969년 담수어자원 조성 목적으로 일본을 통해 도입되었다. 이후 대형 인공댐 등에 정착하고 우리나라 각지의 정체성 수역으로 퍼져 나갔다.

외국의 확산사례 | 일본은 1960년에 식용 목적으로 미국으로부터 파랑볼우럭을 도입하였다. 식용을 위한 양식 연구 결과, 다소 부적합하여 낚시 혹은 다른 어류의 먹이로 각지의 호수에 방류하면서 전국적으로 확산되었다. 다른 나라에서의 확산 양상 역시 이와 비슷한 경우가 일반적이다.

국내 주요분포

국내의 많은 저수지와 댐, 하천 중하류부에 서식한다. 또한 낚시터로 많이 이용되는 중소규모의 저수지에서 높은 밀도로 분포하는 곳이 많다. 국립환경과학원의 2011년 생태계교란종 모니터링 결과에 따르면 전국 12개 조사지역 중 9개 지역에서 서식하였으며 팔당호, 낙동강하구, 주남저수지, 대청호, 장성호, 제주도 등에서는 출현어종 중 가장 높은 비율로 서식하고 있는 것으로 나타났다.

관리방법

파랑볼우럭은 야생동식물보호법에 생태계교란야생동물로 지정되어 있다. 최근 인공산란장을 이용한 알 제거, 파랑볼우럭 수매 등의 방법으로 개체수 조절을 시도하고 있다.

주의사항

파랑볼우럭은 번식과 성장이 빠르며 다양한 수생동물을 왕성하게 섭식하므로 수생태계보전이 요구되는 수역에서는 파랑볼우럭이 유입되지 않도록 주의해야 한다.

Micropterus salmoides Lacepede

큰입배스

Largemouth bass

생물학적 특징

큰입배스의 체형은 바다에 서식하는 농어(Sea bass)와 닮아서 가운데는 넓고 양끝으로 갈수록 가늘어지는 방추형이다. 몸길이는 약 40~60cm이며 70cm 이상의 개체가 포획되기도 한다. 입이 커서 커다란 먹이도 잘 삼키며 아래턱이 위턱보다 길어 앞으로 튀어 나와 있다. 몸 빛깔은 개체에 따라 다르지만 보통 등 쪽이 짙은 초록색, 배 쪽은 흰색을 띠며, 몸 옆면에는 청색 반점들이 모여 띠를 형성한다. 등지느러미 두 개는 맞닿아 있는데 앞쪽 등지느러미는 단단하고 날카로운 극조이며 뒤쪽 등지느러미는 부드러운 연조이다.

식별 | 외국에서 서식하는 배스 종들과 유사하나 입이 매우 큰 것이 특징이다.

생태 | 큰입배스는 대형 육식어종으로 호소의 정수역이나 하천 하류의 흐름이 느린 정체성 수역에서 주로 서식한다. 포식성이 매우 강하여 어류, 양서류, 갑각류 등 다양한 먹이를 섭식한다. 주로 5~8월에 산란하며, 수온이 약 16~22℃일 때 수컷이 수변부 주위에 산란장을 형성하고 암컷을 유인한다. 최대 10만 개 이상 산란하며 수컷이 산란장을 지킨다. 부화한 새끼는 비교적 성

장이 빠르며, 성숙한 개체는 23cm 정도이다. 큰입배스는 많은 수의 포란과 산란 후 산란장을 지키는 생태적 특징으로 특정 수역에 유입되었을 때 단기간에 확산되는 것으로 알려져 있다.

유입과 확산

미국에서는 큰입배스가 유입된 수역에서 개구리와 같은 양서류 개체군이 현저하게 감소한 사례가 보고되었다. 국제자연보전연맹(IUCN)에 의해 세계 100대 악성 침입성 외래종(100 of the World's Worst Invasive Alien Species)으로 지정되었으며 일본, 네덜란드, 중국, 말레이시아 등에서는 침입성 외래종으로 관리되고 있다.

원산지와 유입경로 | 큰입배스는 북아메리카 원산으로 1973년 담수어자원 조성 목적으로 미국에서 도입하여 국내의 토교저수지와 팔당호 등에 방류되었다. 이후 국내 하천 및 댐에 확산되면서 전국 대부분의 정체성 수역으로 퍼져 나갔다.

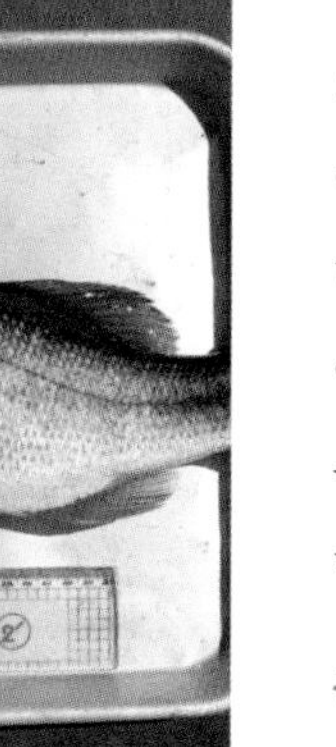

외국의 확산사례 | 일본에서는 큰입배스, 작은입배스, 파랑볼우럭에 의해 토착어류가 감소하는 문제가 발생하였으며 이들 모두를 생태계교란종에 해당되는 특정외래생물로 지정, 관리하고 있다. 미국에서는 로키산맥을 넘어 캘리포니아 등으로도 확산되었고 캐나다와 유럽, 멕시코, 남아프리카, 아시아에 확산되어 현지의 토착생물에 피해를 주고 있다.

국내 주요분포

국내 대부분의 대형 댐과 저수지에 분포하며 하천의 중하류부 등에도 널리 분포한다. 주요 분포지는 대청호, 팔당호, 안동호, 평택호, 파로호 등이며 최근에는 제주도에서도 서식이 확인되었다.

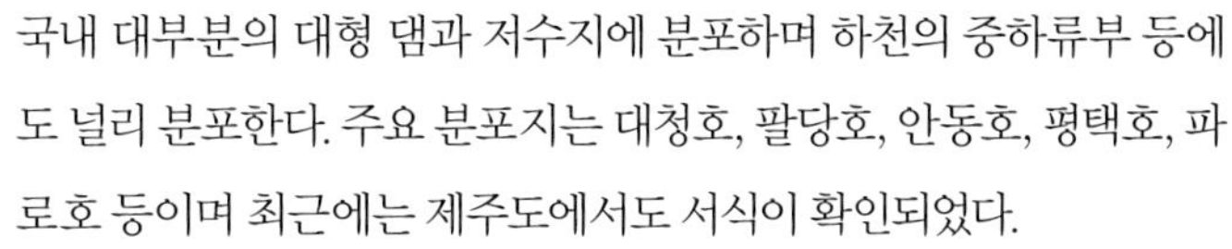

관리방법

큰입배스는 야생동식물보호법에 의해 생태계교란야생동·식물로 관리되고 있다. 최근 환경부 및 지방자치단체에서는 큰입배스 낚시대회 개최, 인공산란장을 이용한 알 제거, 작살을 이용한 큰입배스 포획 등 다양한 방법을 이용하여 큰입배스의 개체수 조절을 위해 노력하고 있다.

서식지(주남저수지)

주의사항

큰입배스는 강한 번식력과 포식성으로 우리나라 수생태계를 위협하는 종으로, 서식이 확인되지 않은 수역으로 유입되지 않도록 각별히 주의해야 한다.

Oreochromis niloticus Linnaeus

나일틸라피아

Nile tilapia

생물학적 특징

나일틸라피아는 지역에 따라 역돔, 민물돔이라고도 한다. 성체는 전장 40cm까지 자라며 갈색을 띠고 배 쪽은 흰색이다. 몸은 전체적으로 옆으로 납작하고 몸높이가 높으며, 크기에 비해 입이 작고 주둥이는 뾰족하다. 등지느러미는 아가미 덮개 위에서 시작해 몸통 끝까지 연장되며, 미병부(꼬리자루 부분)는 거의 일직선 형태이고 꼬리지느러미는 부채 형태이다. 측선은 아가미 뚜껑 바로 뒤에서 시작하여 등 쪽으로 굽어 항문까지 이르는 것과, 항문 위의 몸통 중앙에서 미병부까지 이르는 것이 있다. 몸통에는 세로로 8~9개 정도의 불규칙적인 검은색 무늬가 있다.

식별 | 나일틸라피아는 감성돔과 형태가 유사하여 1997년에 해양수산부(현 국토해양부)에서 식별 요령을 다음의 표와 같이 발표한 바 있다. 바다돔류 중 참돔, 붉돔, 황돔 등은 붉은색, 담홍색, 황적색을 띠고 있어 회갈색인 나일틸라피아와는 쉽게 구별이 가능하다.

생태 | 주로 하천 하류에 살지만 수질이나 염도 변화에 잘 적응해 호수나 늪에서도 서식한다. 수온 14~45℃에서 서식이 가능한 것으로 알려져 있으며, 그 이하로 떨어지면 먹는 것을 중지할

	나일틸라피아	바다돔(감성돔)
꼬리지느러미	끝이 둥글다	끝이 오목하다
측선(옆줄)	2줄	1줄
색깔	회갈색	회흑색
등지느러미	가시가 많다(15~17)	가시가 적다(11~12)
뒷지느러미	길다	짧다
비늘	크고 개수가 적다	크고 개수가 많다

뿐 아니라 폐사하는 것으로 알려져 있다. 어릴 때(유어기)에는 동물성 먹이를 주로 먹으나, 성장함에 따라 식물성이나 잡식성으로 변한다. 암컷은 수온이 21℃ 이상 상승할 때 방란하기 시작하고 수컷이 바닥에 산란장을 만들고 암컷을 유인하여 산란한다. 산란장의 지름은 20~70cm 정도이고, 깊이는 10~20cm 내외로 개체에 따라 다양한 크기의 산란장을 만드는 것으로 알려져 있다. 알은 암컷의 입 안에서 부화하여 자어가 되는데 이 과정은 약 2주가 걸린다. 나일틸라피아는 환경이 좋을 경우 1년에 4~5회 산란한다.

유입과 확산

원산지와 유입경로 | 원산지는 케냐 남부에서 남아프리카까지이지만 지금은 아프리카 전 지역과 전 세계에 양식용으로 도입되었다. 이집트에서 약 2,000여 년 전부터 양식을 해온 것으로 기록되어 있고, 과학적인 양식은 1924년 케냐에서 처음으로 시작되어 아프리카 전역으로 확산되었으며, 1940년대에는 동양으로, 1950년대에는 북아메리카 등으로 이식되었다. 현재는 전 세계 100여 개국에서 양식이 이루어지고 있다.

외국의 확산사례 | 빅토리아 호수는 동아프리카의 우간다, 탄자니아, 케냐 국경부에 위치하며 평균 면적이 69,490km²에 이르는 세계에서 두 번째로 큰 담수호이다. 빅토리아 호수에는 300여 종 이상의 시클리드 물고기가 서식하고 있었으나, 1986년에는 주변 모든 호수를 포함해 70% 이상의 시클리드 종이 사라졌다. 이에 대한 원인으로 제시되고 있는 어종은 1954년에 빅토리아 호수에 도입된 나일틸라피아(*Oreochromis niloticus*)와 1955년에 도입된 나일퍼치(*Lates niloticus*)이다. 직접적인 원인은 포식성이 강하고 몸집이 큰 나일퍼치에 의한 생태계 교란인 것으로 알려져 있으나 일부 연구들에서는 나일틸라피아에 의한 영향도 제시되고 있다. 2006년에 발표된 저인망을 이용한 빅토리아호 어류 조사 결과에 따르면, 1990년대 이후부터 최근까지 절반 이상의 비율로 나일틸라피아가 우점하고 있는 것으로 나타났다.

국내 주요분포

우리나라에는 1955년 태국에서 도입되었고, 황구지천, 평택호, 금호강, 남강 및 남부지방의 큰 강이나 저수지에 나타난다. 나일틸라피아는 열대어로 국내 자연수계에서는 겨울을 지내지 못하는 것으로 알려져 있었으나 최근에는 일부 수역에서 월동하고 있는 것으로 보고되고 있다. 공단의 온배수가 배출되는 황구지천 등에서는 나일틸라피아의 성어가 월동하며 금오천의 하수종말처리장 인근에서도 월동하는 개체들이 포획되고 있다. 국내에서 나일틸라피아가 월동하는 지역은 배출수에 의해 수온이 높은 반면 수질은 타 하천들에 비해 매우 악화된 지점들이다. 황구지천, 평택호, 금호강, 남강 등의 지역에서는 자생하고 있는 것으로 판단되며, 다른 수계들에서는 양식장에서 빠져나온 개체가 드물게 포획되고 있다.

관리방법

현재 국내에는 다수의 나일틸라피아 양어장이 존재하며, 양어장에서 탈출한 개체의 자연증식 위험이 존재한다. 양어장 주변 및 자연증식이 예상되는 지역들에 대한 지속적인 관심이 필요하며, 양식 중인 나일틸라피아가 주변 생태계에 유입되지 않도록 관리되어야 한다.

주의사항

비교적 수온이 높은 남부지방 및 온배수에 의한 수온상승이 예상되는 공단지역에서는 나일틸라피아의 유입에 더욱 주의할 필요가 있다. 현재 우리나라의 나일틸라피아 서식지는 수질이 매우 악화된 지점이므로 자연 서식한 개체를 식용으로 사용하기에는 적합하지 않을 것으로 판단된다.

서식지(평택호)

Lithobates catesbeianus Shaw

황소개구리

American bullfrog

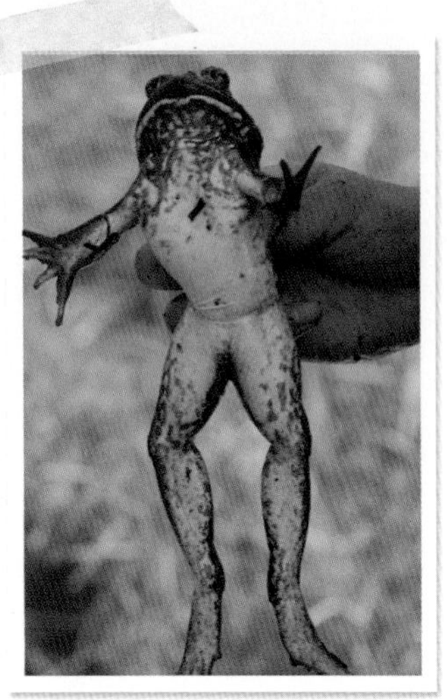

생물학적 특징

국내의 참개구리와 생김새가 유사하지만 눈과 고막이 매우 크다. 다리를 제외한 몸의 길이는 약 8.5~20cm이고, 뒷다리는 25cm까지 길며 쭉 폈을 때 개구리 전체 길이가 40cm를 넘기도 한다. 암컷의 고막은 눈의 크기와 비슷하고 수컷의 고막은 눈보다 두 배 정도 크다. 올챙이는 겨울을 나며, 15cm까지도 자라는데 체색은 회색에서 은록색이며 작고 검은 점들이 몸 전체에 펴져 있다.

식별 | 국내의 참개구리나 다른 개구리들보다 두세 배 정도 크고, 울음소리는 소가 우는 소리와 유사하여 쉽게 구별된다. 또한 참개구리는 등 중앙을 지나는 줄무늬가 있으나 황소개구리는 없다.

생태 | 황소개구리는 수초가 무성한 저수지나 연못 등에서 주로 서식하며 일부 하천이나 큰 강에서도 서식한다. 성체는 육식성으로 곤충, 절지동물, 갑각류, 어류, 양서류, 소형파충류, 조류, 소형포유류까지 먹이로 하며 먹이가 부족하면 같은 종을 잡아먹기도 한다. 일반적인 활동시기는 4월에서 10월까지이며, 5월에 산란을 시작하는 것으로 알려져 있으나 산란시기는 지역별로 차이를 나타낸다. 한 번에 1만~2만 5천 개의 알을 낳으며 3~5일 만에 부화

한다. 일반적으로 부화 후 이듬해 변태하여 성체가 되지만 기온이 높은 지역에서는 그 해에 성체가 되기도 하며 기온이 낮은 지역에서는 3년이 걸리기도 한다.

유입과 확산

국제자연보전연맹(IUCN)에 의해 세계 100대 악성 침입성 외래종(100 of the World's Worst Invasive Alien Species)으로 지정되었으며, 일부 황소개구리가 유입된 지역에서 생태계피해가 크게 나타나고 있다.

원산지와 유입경로 | 미국의 사우스캐롤라이나가 원서식지이며 식용 목적으로 1957년 진해 국립양어장에서 수입하였으나 양식에 실패하였고, 1971년 일본을 통해 국내에 도입되었다. 농가소득 증대를 위해 많은 농가에 분양되었으나 경제성 부족으로 양식이 중단되었으며 양식되고 있던 개체들이 자연생태계로 유입되었다.

발달단계

서식지(신의도)

외국의 확산사례 | 미국의 서부 일부와 서북부를 제외한 미국 전역에 퍼져 있으며 일부 주에서는 침입성 외래종으로 지정하여 관리하고 있다. 유럽과 아시아, 남아메리카 등에서도 식용 도입되었거나 잘못 유입되어 확산된 사례가 있다.

국내 주요분포

전국의 저수지 등 정체성 수역이나 논, 수로 등에 분포하고 있으며, 일부 하천에서도 발견된다. 최근 국립환경과학원의 생태계교란종 모니터링 결과에 따르면 강원, 경기, 경상 지역에서는 황소개구리의 개체수가 크게 줄었으나 전라, 충청 등의 지역에서는 아직도 많은 개체가 서식하고 있다. 제주도를 비롯한 장산도, 상태도, 신의도 등 여러 도서지역에도 확산되어 있다. 황소개구리의 올챙이는 연못이나 농업용 저수지 등의 규모가 작은 정수역에서 주로 서식하지만 영산강 상류 등의 하천에서도 많은 개체가 포획되기도 하였다.

관리 방법

황소개구리는 야생동식물보호법에 의해 생태계교란야생동·식물로 관리되고 있다. 2000년대 중반에는 전국에서 황소개구리 포획이 활발히 이루어졌으나 이후 개체수가 줄어들어 일부 지역에서만 퇴치 사업이 시행되고 있다.

주의사항

아직 황소개구리에 의해 교란되지 않은 양서류 서식지와 생태계 등은 황소개구리의 유입이 없도록 주의해야 한다.

Chelydra serpentina Linnaeus

늑대거북

Snapping turtle

생물학적 특징

밝은 색조의 황갈색을 띠는 등갑은 길이 25~47cm까지 자라 비교적 긴 편이다. 평상시의 목은 원추 모양으로 짧고 뭉툭하나 자라처럼 목을 늘이면 몸길이 정도로 길어진다. 무게는 보통 4.5~16kg 정도이지만 34kg 이상까지 성장하는 경우도 있다. 꼬리는 근육질로 튼튼하며 비교적 길고 꼬리 위쪽에 가시 모양의 비늘이 있으며, 발가락에는 물갈퀴가 있다. 등갑은 가운데가 볼록한 오각형 모양이고 둘레는 둥그스름하여 몸 크기로 덮고 있으며 등갑의 가장자리는 톱니 모양이다. 어린 개체는 등갑이 울퉁불퉁하고 굴곡이 있지만 성장하면 매끄러워진다. 다리와 턱과 꼬리의 힘이 세며, 꼬리를 쳐올리며 점프하기도 한다. 늑대와 같은 긴 꼬리를 가졌기 때문에 늑대거북으로 부른다.

식별 | Snapper나 Snapping Turtle이라고 부르는 거북에는 늑대거북과 악어거북이 있는데 악어거북은 등갑판이 모두 삼각형의 산처럼 솟아 있어 늑대거북과 쉽게 구별된다. 등갑판 가운데마다 돌기가 있고, 배에 다리가 크게 붙어 가오리 모양으로 되어 있어 쉽게 구분된다. 등갑은 밝은 색조의 황갈색이고, 배갑은 보다 연한 황갈색이나 환경에 따라 색이 더 짙어지기도 한다. 늑

대거북은 악어거북보다 몸집이 작고 상대적으로 성질이 더 순하다. 악어거북은 혀의 움직임이 자유롭고 혀 돌기로 사냥을 하기도 하나 늑대거북은 혀의 움직임이 자유롭지 않는 점으로도 구분된다.

생태 | 4월~11월 사이에 짝짓기를 하며 주로 8~10월에 가장 많이 산란한다. 늑대거북은 모래 토양의 땅을 파고 매년 약 25~80개의 알을 산란하며 모래 등을 덮어 부화를 시킨다. 부화기간은 9~18주 정도인데 온도가 높으면 부화가 빠르고, 추운 지역에서는 겨울동안 보금자리를 만들어 알을 부화한다. 암컷 늑대거북은 수 년 동안 정자를 저장할 수 있어서 교미 없이도 모든 계절에 알을 낳을 수 있다.

원산지에서는 강, 시내 등 물이 흐르는 얕은 곳이나 호수 등에 사는데 은폐하기 쉬운 수초지대를 선호하며 바위틈이나 수초 사이에 숨어 지낸다. 일광욕을 하기 위해 육지에 올라오기도 하고 담수와 해수가 교차하는 강어귀까지 서식하기도 한다. 늑대거북의 얼굴 윗부분에는 콧구멍이 높이 솟아 있어, 수영을 할 때나 진흙에 몸을 묻을 때는 목을 길게 빼고 콧구멍을 공기 중에 내어 호흡한다. 악어가 있는 북아메리카에서는 악어가 상위의 포식자가 되나 우리나라나 일본과 같이 악어가 없는 담수생태계에서는 늑대거북이 최상위의 포식자가 된다. 어류, 양서류, 조개류, 새우류, 거북류, 뱀과 개구리 등 대부분의 수중동물과 사체까지도 먹을 수 있으며 먹이를 구하는 중에 어구의 파손과 같은 일도 일어난다. 알을 낳거나 새로운 서식지를 찾아서 상당히 멀리까지 땅을 기어갈 수도 있으며 헤엄쳐 가기도 한다. 오염, 서식지 파괴, 먹이 부족이나 과도한 번식 등이 늑대거북의 원거리 이동을 촉진시킨다. 국내·외에서 애완동물로 많이 키우고 있는데, 원산지와 유사한 서식환경을 보이는 지역에서는 자연생태계에 나가는 경우 정착과 확산이 이어질 것으로 보인다. 성질이 거칠고 사나우며 힘이 세고 먹이를 잡을 때는 동작이 빠르

다. 야생에서의 수명은 약 30년 정도이며 47년 정도 산 경우도 알려져 있다.

유입과 확산

늑대거북은 서식지의 오염과 파괴를 일으키며, 높은 서식밀도와 산란 등으로 인해 육지와 해상으로 널리 확산될 수 있다. 늑대거북은 수중 생태계에서 최상위의 포식자로서 썩은 짐승의 고기, 무척추동물, 물고기, 새, 소형 포유동물, 양서류, 수초 등 삼킬 수 있는 크기라면 가리지 않고 먹는다. 너구리나 다른 동물이 알을 훔쳐가기도 하지만 늑대거북의 유일한 포식자는 악어이다. 이러한 먹이습성으로 인하여 수생 동식물의 피해가 생겨날 수 있으므로 관리가 필요하다.

원산지와 유입경로 | 캐나다 동남부에서 로키산맥까지의 아메리카가 원산지이며 열대 아메리카까지 분포한다. 우리나라에는 관상용으로 수입되어 어린 것에서부터 성체까지 판매되고 있으나 자연생태계에서 발견되었다는 보고는 없다. 일본에서는 사육 부주의나 사육 포기 또는 방류 등으로 논과 호수와 하천 등에서 발견되고 있으며, 담수생태계에서 가장 높은 단계의 포식자로 육식을 주로 하며 공격적인 성질로 어구 등의 파손을 가져오므로 생태계교란종에 해당하는 특정외래생물로 관리하고 있다.

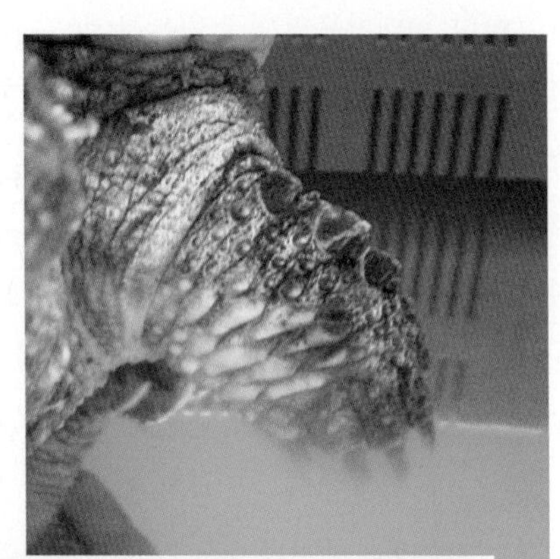

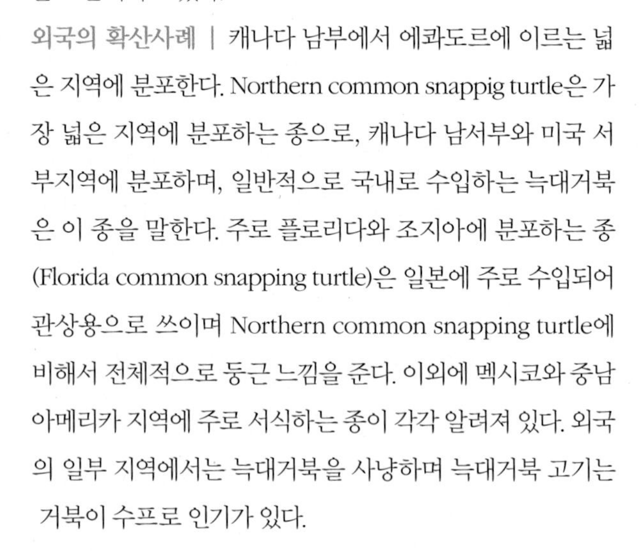

외국의 확산사례 | 캐나다 남부에서 에콰도르에 이르는 넓은 지역에 분포한다. Northern common snappig turtle은 가장 넓은 지역에 분포하는 종으로, 캐나다 남서부와 미국 서부지역에 분포하며, 일반적으로 국내로 수입하는 늑대거북은 이 종을 말한다. 주로 플로리다와 조지아에 분포하는 종(Florida common snapping turtle)은 일본에 주로 수입되어 관상용으로 쓰이며 Northern common snapping turtle에 비해서 전체적으로 둥근 느낌을 준다. 이외에 멕시코와 중남아메리카 지역에 주로 서식하는 종이 각각 알려져 있다. 외국의 일부 지역에서는 늑대거북을 사냥하며 늑대거북 고기는 거북이 수프로 인기가 있다.

국내 주요분포

애완용으로 수입되어 사육되고 있으며 점차 그 수요가 확대되고 있다. 아직 자연으로 흘러들어가거나 알려진 피해는 없다.

관리방법

붉은귀거북의 예와 마찬가지로 생태계 무단 방출 또는 유기 및 방생 등의 행위를 금지하고 자연 상태로의 유입을 철저히

차단해야 한다. 늑대거북의 관리는 애완용 동물의 자연생태계 방생을 피하여 국내 담수생태계 보전에 동참하는 노력이 필요하다.

주의사항

늑대거북에게 물리면 큰 상처를 입을 수 있고 감염의 위험도 있으므로 주의가 필요하다. 꼬리를 잡아도 물리거나 긁힐 수 있으며 다른 동물에 해를 입힐 수 있으므로 관리에 주의하여야 한다. 물 밖에서는 공격적인 성향이 두드러지고 강한 부리 및 튼튼한 다리와 발톱을 가지고 있으며 목과 꼬리가 길어 충분한 주의가 필요하다. 사육하고 있는 늑대거북은 새끼와 성체 모두 자연생태계로 나가지 않도록 해야 한다.

Macroclemys temminckii Harlan

악어거북

Alligator snapping turtle

촬영협조 : 우치동물원

생물학적 특징

악어거북은 북아메리카에 서식하며 물고기를 비롯해 작은 동물, 새, 양서류 등 다양한 먹이를 먹어 수중의 청소부로 불리기도 한다. 악어거북은 민물에서 서식하는 거북이 중 가장 큰 종으로 알려져 있으며, 등갑이 80cm, 무게가 113kg까지 자란 기록이 있다. 일반적으로 성체의 등갑 길이는 40~66cm 정도이며 수컷이 암컷보다 크게 자란다. 등갑의 빛깔은 주로 황갈색이며 개체에 따라 검은색인 것이 있다. 머리는 크고 갈고리 모양의 턱이 있다.

식별 | 목과 다리에 혹처럼 생긴 돌기가 있는 것이 특징이다. 등갑의 앞쪽에서 뒤쪽으로 3줄의 융기 부위가 있어 늑대거북과 쉽게 구분된다.

생태 | 악어거북의 성체는 큰 강, 운하, 호수, 늪 등의 바닥에 살고, 어린 개체는 작은 하천에 산다. 11~13년이면 성체가 되며, 4월에서 6월 사이에 교미를 하고 약 2달 후에 산란한다. 일반적으로 8~52개의 알을 산란하며, 산란장소는 주로 수변지역이다. 악어거북의 성별은 부화온도에 의해 결정되며, 25~27℃일 때는 수컷이 되고 29~30℃일 때는 암컷이 되는 것으로 알려져 있다. 산란시기를 제외하고는 대부분의 시간을 물속에서 보내며 주로 진흙 등에

숨어서 생활한다. 악어거북은 물고기를 비롯해 작은 동물, 새, 양서류 등 다양한 먹이를 먹을 수 있으며, 혀끝의 실지렁이처럼 보이는 분홍빛 돌기로 물고기를 유인하여 사냥한다. 악어거북의 무는 힘은 대단해서 사람의 손가락도 순식간에 잘릴 정도이다.

유입과 확산

큰 강, 운하, 호수, 늪, 강의 깊은 물에서 서식하며, 주로 애완용으로 도입되었던 것이 자연생태계로 방류되어 확산되고 있다.

원산지와 유입경로 | 악어거북은 캔자스, 일리노이, 미주리, 오클라호마, 아칸소, 앨라배마 등이 원산지이며 미국 남동부지역에서 멕시코만으로 흘러들어가는 담수 유역에 서식한다. 악어거북은 남획 및 서식지 변화에 따라 개체수가 감소하고 있는 미국의 요청에 의해 CITES(Convention on International Trade in Endangered Species of wild Fauna and Flora) 부속서 Ⅲ(Appendix Ⅲ, 2010. 6. 30)에 등록되어 국외 반출이 금지되었다. 우리나라에는 유럽과 중국, 일본 등을 통해 수입되고 있으며 특이한 습성 및 외형으로 고가에 거래되고 있다.

외국의 확산사례 | 악어거북은 북부아메리카가 원산지로 유럽과 아시아에 애완용으로 수출되었으며 일부 국가에서는 자연생태계에 방류되어 서식하기도 한다. 일본 및 중국에서 생태계 유입에 의한 교란 사례가 보고된 바 있다.

국내 주요분포

악어거북은 국내에 많은 개체가 애완용으로 보급되었으나 크기가 커질수록 사육의 어려움이 따른다. 이러한 악어거북의 특성상 적지 않은 개체가 자연생태계에 방류되었을 것으로 추정되며, 최근에는 일부 지역(화성시, 구미시 등)에서 방류된 악어거북이 자연생태계에서 포획된 개체가 알려지기도 하였다.

관리방법

악어거북은 다른 민물거북에 비해 크게 자라며 공격성이 강해 국내 생태계에 유입될 경우 여러 문제를 발생시킬 수 있다. 애완용으로 길러지던 개체의 자연생태계 유입을 사전에 차단해야 한다.

주의사항

공격적인 성향을 가지고 있고 강한 턱을 이용하여 사람에게 큰 상처를 입히기도 하므로 취급 시 주의하여야 한다.

Trachemys scripta elegans Wied-Neuwied

붉은귀거북

Red-eared slider

생물학적 특징

흔히 청거북이라 부르기도 한다. 몸길이는 수컷이 약 16cm, 암컷은 약 20cm이며 최대 30cm까지 자란다. 생김새는 등껍질은 녹색이며, 모서리가 부드러운 장방형의 타원형이고, 가장자리는 벽돌로 이은 듯한 테두리 모양이며, 안쪽은 육각형, 오각형, 사각형 모양으로, 배 껍질에는 황색의 검은 반점이 있다. 아래턱은 둥글고, 발가락 사이는 막으로 연결되어 있다.

식별 | 눈 뒷머리 측면에 선명한 붉은 줄을 가지고 있어 붉은귀거북이라고 부른다. 암수의 구별은 수컷 앞발의 발톱이 암컷에 비해 2배가량 길다.

생태 | 20년 정도 생존하며 큰 강, 물흐름이 약한 호수, 저수지 등의 정체성 수역에 서식하며, 바위나 나무 위에서 햇볕을 쬔다. 어려서는 곤충, 갑각류, 두족류 등의 먹이를 잡아먹는 육식에 가까우나 성체는 채식성으로 변하여 수초를 주로 먹는다. 산란은 보통 4~6월 사이에 5~25개 정도의 알을 낳으며, 모래나 부드러운 땅을 파서 그 속에 산란을 한다. 활동기간은 4~10월까지이며, 겨울에는 동면에 들어간다.

유입과 확산

원산지와 유입경로 | 미국 미시시피강이 위치한 남아메리카와 북아메리카가 원산지이다. 국내에는 1970년대 후반부터 애완용을 목적으로 수입되기 시작해 매년 전국의 연못, 호소, 하천 등에 방사되어 각지에 퍼져 있다.

외국의 확산사례 | 제2차 세계대전 이후 애완용 거북의 수요가 증가하면서 붉은귀거북이 팔려 나가기 시작하였다. 러시아를 포함한 유럽에 판매되면서 여러 나라의 자연에 확산되었고, 이후 아시아 등지로 확산되었다.

국내 주요분포

제주도를 포함한 국내 하천, 호수, 저수지 등에 분포하고 있다.

관리방법

늪거북과 *Trachemys*속의 모든 종이 생태계교란야생동물로 지정되어(2001. 12. 24) 있다. 따라서 방생할 경우 2년 이하의 징역 또는 1천만 원 이하의 징역에 처해지게 된다. 사찰 주변의 연못, 강, 하천의 방생 금지, 지속적인 홍보와 서식지 주변의 안내판 설치 및 확산 방지를 위한 퇴치 및 제거작업 등의 적극적인 방법으로 담수생태계를 보전해야 한다.

주의사항

국내에 천적이 없으며, 번식과 생장이 빠르고 먹이가 다양하기 때문에 유입지역의 생태계교란을 야기하고 살모넬라균 등의 세균에 감염되는 경우 보균체가 되어 특히 어린이를 감염시킬 우려가 있다.

서식지(덕진연못)

Pica pica Linnaeus

까치

Asian magpie

생물학적 특징

날개를 접고 있을 때는 몸 전체가 까만색이나 목 뒤에서부터 몸의 앞쪽까지 보름달 같은 흰 원형이 있고 동그라미의 약간 윗부분을 까만 띠가 지난다. 부리는 검은색이고 막대기처럼 나온 꼬리는 몸체와 길이가 같다. 부리에서 날개까지 길이는 43~56cm이다. 날아갈 때에는 몸체에서 날개깃의 중간까지 희고 그 이후부터는 까맣다. 울음소리는 '까치, 까치'로도 들린다.

식별 | 까마귀와 비슷하나 까마귀는 몸 전체가 검고, 까치는 검은 몸에 큰 원형의 하얀 반점이 있으며, 날개를 펴면 거의 같은 폭으로 까만색과 하얀색의 띠가 반복 교차되는 점에서 구분된다.

생태 | 까마귀나 다른 경쟁관계의 새를 집요하게 쫓아낸다. 원래 까치가 없던 제주도에서는 인가와 산자락 주변에 서식하던 까마귀 무리가 까치에게 쫓겨 산 위로 밀려난 것으로 알려졌다. 먹이를 가리지 않는 잡식성이며 동물성 먹이를 주로 먹는데 어린 새와 새알, 소형 포유류와 곤충 등을 먹는다. 반짝이는 것에 끌리는 특성을 보인다. 1~3월에 무리가 모여 짝짓기를 시작한다.

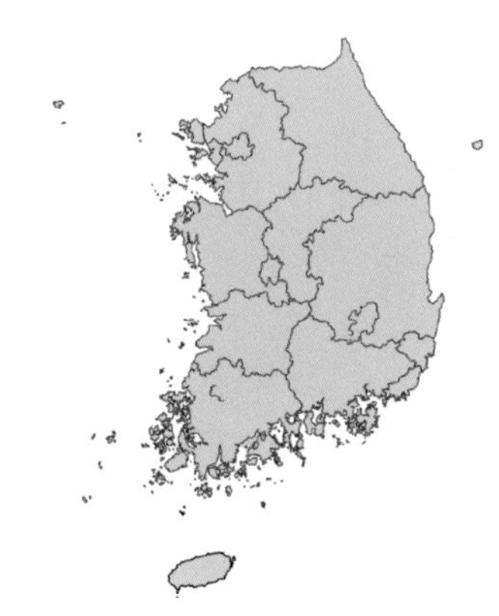

유입과 확산

까치는 국내 육지의 토착 텃새로 내륙에는 텃새로 살아가기 때문에 까치로 인한 문제에 일부 면역이 되어 있다. 그러나 도서지역은, 본래 까치가 서식하지 않던 곳에 인위적으로 까치를 들여와 이전에 없던 많은 피해가 발생하고 있다. 특히 제주도에 유입된 20여 년 동안 농작물에 현저한 피해를 야기할 정도로 개체군이 크게 늘었고 일부는 자연생태계에서 조류의 알이나 작은 동물을 잡아먹는 부작용을 나타내고 있으므로 개체군 동태와 함께 까치에 의한 피해 조사연구와 대응이 필요하게 되었다.

원산지와 유입경로 | 국내의 텃새로서 본래 제주도와 같이 내륙에서 멀리 떨어진 도서에는 있지 않았으나 인위적으로 도입되었다. 제주도에는 1987년 방사되었고, 서남해 상의 여러 도서에 까치가 분포한다.

외국의 확산사례 | 유럽과 아시아 및 아프리카 북서부에 분포한다. 유럽의 까치는 우리나라 까치와 달리 인가보다는 자연에 서식하는 것이 일반적이다. 우리나라 까치는 둥지가 반구형이나 유럽 까치둥지는 지붕이 있는 돔형이다. 이는 번식기인 겨울이 우리나라는 건기이나 유럽은 우기인 점에 기인한다. 이러한 지리적 차이에 의한 서식 특성은 까치의 적응력이 환경에 따라 크게 달라질 수 있다는 것을 보여주는 예로 제주도와 같은 곳에서는 내륙과의 환경 차이로 인해 까치의 행동과 대응에 차이가 있을 것으로 예상된다. 마찬가지로 인가가 아닌 자연에 의존하는 행태의 까치에 대해서 인가형 까치와는 다른 대응이 필요할 것으로 보인다.

국내 주요분포

내륙에서 멀리 떨어진 섬을 제외한 전국에 분포하고 있다.

관리방법

까치는 인가 주변에 살며 과수 및 농작물 피해와 전력선 피해 등을 입힌다. 이러한 피해 정도가 일상적인 범위를 크게 벗어나면 문제가 될 수 있으므로 까치가 살지 않던 곳에 유입되는 일이 없도록 주의가 필요하다.

주의사항

우리나라에서는 아직 사람을 공격하는 일이 없고 까치로 인한 질병 전파 등은 알려져 있지 않으나 호주에서는 번식기에 사람을 공격하여 귀에 상처를 내는 사례가 보고된 바 있어 번식기의 공격적인 행위에 대한 관찰이 필요할 것으로 보인다.

Capra hircus Linnaeus

염소

Goat

서식지

생물학적 특징

염소는 흑염소, 양생이, 염생이, 얌소 등으로 불린다. 우리나라의 염소 종류는 흑색종, 갈색종, 백색종의 세 종류가 있었다고 하나 이 중 갈색종과 백색종은 거의 볼 수 없고, 흑색종만 남아 있으며 우리나라에서는 흑색종을 하나의 품종으로 흑염소라고 한다. 털색은 흑색으로 짧으며 약간 거칠고 수컷의 턱에는 수염이 있다. 간혹 턱 및 목 부분에 목덜미의 털이 있는 것과 없는 것이 있으나 재래종 흑염소에는 목덜미의 털이 없으며, 있는 것은 젖염소나 외국 품종과의 교잡에 의하여 나타나는 형태적인 특징이다. 몸무게는 30~40kg 정도로 염소 중에서 작은 편에 속한다. 뿔은 암수 모두 있는데, 수컷의 뿔은 굵고 튼튼하며 낫 모양으로 목 뒤 등선 쪽으로 약간 기울어져 있으며, 암컷의 뿔은 너무 굵거나 가늘지 않은 중간 정도의 굵기로 반듯하고 곧게 뻗어 있다.

식별 | 염소는 면양과 차이가 있다. 염소는 염소속이며, 면양은 면양속으로 구별된다. 염소는 면양보다 민첩하고 높은 곳에 올라가는 것을 잘하며 면양에 비해 확실한 집단 서열을 가지고 있다. 염소는 침입자에 대하여 정면으로 대결하지만 면양은 도망가는 행동 습성을 지녔으며, 염소

는 면양에 비하여 호기심이 많고 변덕스러운 습성을 지니고 있다. 염색체 수는 면양은 56개, 염소는 60개이다. 염소의 발정주기는 평균 21일이고 면양은 17일이며, 염소는 연중번식을 하지만 면양은 계절번식을 하는 등 염소와 면양은 많은 차이를 나타낸다.

생태 | 염소는 성질이 활발하고 민첩하며 깔끔한 것을 좋아한다. 습기를 싫어하고 독초를 제외한 다양한 풀과 나뭇잎을 먹는다. 연중번식을 하는 염소가 가장 발정이 왕성한 시기는 가을부터 이른 봄 사이이며 연 2회 분만도 가능하지만 평균 2년에 3회 분만을 할 수 있고 한 번에 1~3마리의 새끼를 낳는다. 염소는 성 성숙이 빠른 편으로 생후 5개월령에 임신이 가능하다. 수컷의 12개월령 체중은 31.2kg 내외이며 출생시 체중은 약 2.1 kg 정도이고, 암컷의 18개월령 체중은 약 27.4kg 내외이며 출생시 체중은 약 1.8kg 정도이다.

체구가 비교적 작고 체질이 튼튼하며 무리지어 생활하는 것을 좋아한다. 험준한 바위 타기를 좋아하고 행동이 민첩하다. 염소는 반추동물로 소나 면양과 같은 소화기 구조를 가진다. 염소의 반추위(복위라고도 하며 되새김을 하는 소, 사슴 등이 지니는 초식동물의 위장기관)는 제1위(rumen), 제2위(reticulum), 제3위(omasum), 제4위(abomasum)의 4개로 나뉘어져 있다. 섬유질 소화능력이 우수하기 때문에 섬유질이 많은 식물의 채식비율이 높은 것이 특징이다. 염소는 주로 다른 반추동물이 즐겨 먹지 않는 나뭇잎이나 나뭇가지, 낙엽을 즐겨 먹는 채식습성을 지니며 이러한 습성으로 인하여 농가에서는 산림지역 방목을 이용하여 사육하고 있다.

유입과 확산

염소는 주로 농가의 경제적 이윤을 목적으로 사육되어 왔다. 현재 국내 4만 호 이상의 농가에서 약 50만 마리 이상의 개체를 사육하고 있으며 사육되는 형태는 크게 방목형, 사사형(축사에서 사육하여 기르는 형태), 방목과 사사 절충형으로 나뉜다. 염소는 먹을거리가 풍부한 중·산간

방목사육

도서지역 서식

지역을 선호하는 특성을 가지며 친환경적인 유기축산과 생산비 절감에 따른 소득 증대의 목적으로 많은 농가에서는 산지방목을 하고 있다. 그러나 농가에서 방목 사육시 관리소홀로 인하여 자연생태계에 유입되거나 도서지역 유입 후 방치되기도 한다. 이 경우 왕성한 식욕과 빠른 번식력, 그리고 강인한 자연 적응력으로 인해 급속한 개체의 증가가 이루어지므로 보호 식물의 훼손과 초지의 황폐화 등 생태계 교란의 원인이 되기도 한다.

원산지와 유입경로 | 염소의 선조는 현재 이란, 터키, 서부 아프카니스탄 및 그리스 등에 살고 있는 에가그루스 아종으로 알려져 있다. 야생 산양이 서아시아 지역에서 가축화되기 시작되면서 몽고를 거쳐 북방경로를 통하여 전파되었고 일부는 인도와 동남아, 중국 남부를 거쳐 동북방으로 이동하였다는 주장이 있다. 한반도에서는 삼한시대에 존재하였다는 기록이 있으나 도입경로는 불분명하다.

외국의 확산사례 | 외국의 도서지역에서는 염소의 유입으로 인하여 도서지역 생물종다양성과 식물생태계를 파괴하는 등의 사례가 꾸준히 보고되고 있다. 하와이 제도의 여러 섬들과 멕시코와 중남아메리카 지방에는 선박을 통하여 유입되었다는 기록이 있으며, 그 밖에 호주, 뉴질랜드, 유럽 등의 도서지역에 유입된 염소는 강인한 생명력으로 정착하여 도서생태계에 위협이 되고 있다.

국내 주요분포

전국적으로 많은 수가 농가에서 사육되고 있으며 자연에서는 주로 도서지역으로 유입되는 것이 문제가 되고 있다. 완도, 고흥, 여수와 같은 섬 지역에서는 흑염소 서식지에서 나무 밑동이나 묘목 훼손이 심하고 폭우 때 토양이 유출되는 부작용도 큰 것으로 보고된 반면, 염소가 접근하기 힘든 지역은 묘목 훼손, 토사유출이 발생하지 않은 것으로 알려져 있다.

국내에서 사육되는 염소의 종류

1. 재래흑염소 : 재래종의 혈통으로 소규모로 일부 농가에서 기르고 있다. 뿔의 형태는 흑염소의 일반적인 형태를 띠며 안면은 짧고, 귀가 작으며 늘어지지 않았다. 목덜미의 털과 털색이 다른 부분이 없으며 체구가 작고 다 자라면 체중은 30~50kg이다.

2. 교잡흑염소 : 젖을 짜기 위한 염소 또는 식용염소와 흑염소의 교잡종으로 털이 흑색이거나 흑백반이 있는 염소이다. 성장이 빠르고, 뿔의 형태는 수컷은 길게 나선형으로 벌어져 있고, 몸길이와 키가 크다. 목덜미의 털과 털색이 다른 부분이 있으며 재래흑염소에 비해 길고, 체구가 크며 다 자라면 체중은 50kg 이상이다.

3. Feral goat : 호주에서 야생상태로 있는 염소를 수입하였으며, 털이 흑색이고, 체구가 크며, 귀가 늘어져 있고 뿔은 등선 밖으로 벌어져 있다. 대부분 농가에서 국내 흑염소와 교잡하여 사육한다.

4. Boer goat : 호주에서 식용으로 개량된 염소로 털은 주로 흰색이며 머리와 목 부분은 갈색을 띤다. 일부 농가에서 종축개량에 이용하고 있다.

관리방법

도서지역 자연생태계에 유입된 흑염소의 경우 포획 등의 퇴치작업으로 개체수를 조절하는 동시에 이후에 유입이 되지 않도록 관리가 이루어져야 한다. 농가에서는 방목지의 면적을 고려하여 피해가 발생하지 않는 사육규모를 설정한 후에 방목을 실시하여야 한다. 유럽연합에서는 초지 1ha당 13.3마리로 규정하여 과도한 방목을 방지하고 있으며, 산림에 염소를 방목할 경우 산림에 피해가 없는 적정 마리수는 1ha 당 4~5마리로 권고하고 있다. 또한 무리가 한 장소에 정체되지 않도록 꾸준히 이동시키며 방목을 하는 등 일정 주기로 구역을 나누어 차례대로 초지를 이용하는 순환방목을 실시해야 한다. 산림보호지역에서는 목책 등을 설치하여 접근을 막는 것도 좋은 방법이다. 사육 농가는 사육되는 염소가 탈출하여 자연에 유입되는 일이 없도록 관리를 철저히 해야 하며 해당 지역의 기관에서는 적절한 관리 법규의 제정과 농가의 사육현황을 파악하여 철저히 관리해야 한다.

주의사항

자연생태계에 유입된 염소의 경우 공격적인 성향을 나타내기도 하므로 직접적인 접촉을 피하는 등 안전성을 확보해야 한다.

Cervus elaphus Linnaeus

붉은사슴

Red deer

수컷

생물학적 특징

붉은사슴은 사슴과 중에서 비교적 체구가 큰 편에 속한다. 몸길이는 165~250cm, 어깨 높이는 75~150cm, 꼬리 길이는 12~15cm, 몸무게는 58~255kg에 이른다. 뿔은 물렁한 벨벳 형태로 봄에 새로 나와 가을 발정기에 딱딱해지며 떨어지는 것이 반복된다. 뿔의 크기 및 가지의 수는 여러 아종에 따라 차이가 있으며, 수컷은 크고 가지가 많은 뿔을 지니는 반면, 암컷에는 뿔이 없다. 털은 적갈색이나 회갈색 등 다양하고 부드럽다. 수컷은 아종에 따라서 가을철에 목 주변에 덥수룩하고 짧은 갈기가 나는 종과 나지 않는 종이 있으며 암컷은 갈기가 나지 않는다. 수컷은 암컷에 비해 목이 두껍고 강해 보이기 때문에 갈기가 난 것처럼 보이는 경우도 있다.

식별 | 붉은사슴은 노루나 고라니에 비하여 몸이 아주 크고 가지를 많이 치는 뿔을 가지고 있어 우리나라의 다른 사슴과 쉽게 구분된다. 서식지에 따라 다양한 아종이 존재하며 몸과 뿔의 크기나 모양 등이 조금씩 차이를 보인다. 또한 주거 환경별, 계절별 털 색깔도 다르게 나타난다. 전 세계적으로 다양한 붉은사슴 아종이 서식하고 있으며, 우리나라의 경우 엘크와 레드디어 종이 주로 사육되고 있는데 어느 경우든 몸이 크고 뿔이 잘 발달된 점에서

국내에 있는 사슴과 동물과는 쉽게 구분된다. 우리나라 공원 지역에 사육되고 일부 자연에 풀어놓기도 했던 꽃사슴은 몸에 둥글고 흰 반점이 많이 나 붉은사슴과 구분하기 쉽다.

생태 | 서식환경이 다양하며 주로 험한 산악지대를 제외하고 풀밭을 포함한 산림환경에서 서식한다. 야생에서는 산악의 삼림에 살며, 암수가 따로 무리를 짓고 산다. 9~10월에 교배하는데, 임신기간은 230~240일이며, 6월에 한배에 1~2마리의 새끼를 낳는다. 눈 바로 밑에 분비샘이 있어 발정기에 특유한 냄새를 가진 왁스 형태의 물질을 분비한다. 수컷은 발정기가 되면 평행하게 걸으면서 울부짖는다. 발정기의 수컷들은 뿔을 이용하여 격렬하게 힘겨루기를 하면서 심각한 중상을 입는 경우도 발생한다. 암컷은 새끼가 태어나면 몇 주 동안 격리된 지역에서 새끼를 보호한 이후 약 1년간 키우며 보호하지만, 수컷은 새끼를 보호하지 않는다. 수명은 15~18년이며 사육될 경우 20년 이상 살 수 있다.

일반적으로 식물의 잎, 뿌리를 먹으며, 소나무, 단풍나무의 수피와, 줄기, 민들레, 조밥나물, 제비꽃, 버섯류 등 많은 종류의 식물을 섭식한다. 봄과 여름에는 활엽초본류와 농작물을 채식하고, 겨울철에는 풀과 나뭇가지 및 나무껍질을 먹는다. 여름에는 산꼭대기까지 올라가서 숲과 계곡의 해충을 피하기도 하고 겨울에는 계곡을 따라 이동한다. 여름철과 겨울철 동안 19.9km 정도 이동하는데 최대 42km를 이동하기도 한다. 야생에서 암컷은 무리지어 생활하며 수컷은 뿔이 있는 시기에는 독립생활을 하며 뿔이 떨어진 후에는 무리지어 생활하기도 한다.

사슴의 채식행동이 생태계 내의 동식물계에 직간접적으로 긍정적인 영향을 미칠 수 있지만, 사슴의 밀도가 증가하면 식생 및 초본류의 갱신에 심각한 영향을 미칠 수 있는 것도 사실이다. 서식밀도의 증가는 종자의 섭식, 어린나무의 채식, 박피, 답압, 토양 굴취 등 부정적인 방향으로 식생구조를 변화시키기 때문이다.

유입과 확산

원산지와 유입경로 | 아시아 원산으로 유럽과 카스피해 서쪽의 코카서스 산악지역, 아프리카의 알제리와 튀니지, 중앙아시아와 동아시아 및 북아메리카, 뉴질랜드, 호주 등에 서식한다. 우리나라에는 1974~1975년에 주로 뿔이나 고기를 이용하기 위한 상업적인 목적으로 붉은사슴의 아종인 엘크가 미국, 캐나다에서 수입되어 사육되었으며 이후 수백 두가 수입되어 왔다.

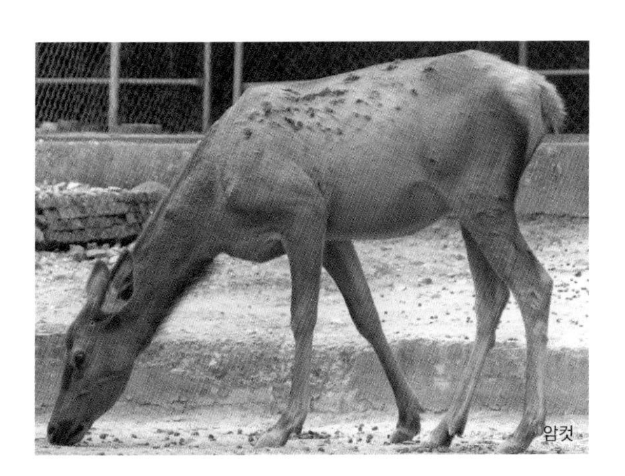
암컷

자연생태계에서의 확산에 대한 조사결과는 명확하지 않으나 무리를 지을 정도로 산에서 사는 경우는 보고되지 않았다. 그러나 동물원과 사슴농장 등에서 사육되고 있는 것이 사육장의 사고나 부주의, 의도적인 방사 등 다양한 원인으로 자연에 나갈 가능성이 있다. 이동성이 높아 붉은사슴의 서식에 적합한 자연생태계에 정착이 시작된 후에 확산단계로 넘어가면 문제가 될 수 있다.

외국의 확산사례 | 외국에서는 고기와 사냥을 목적으로 도입 및 사육되었다. 뉴질랜드, 아르헨티나, 호주 등은 유럽에서 도입되어 자연생태계로 급속히 퍼졌으며, 뉴질랜드에서는 자생하는 유제류와의 경쟁 및 식물 피해 등이 보고되었고 소결핵 등의 질병을 매개하여 피해를 발생시키기도 한다. 아르헨티나와 칠레에서는 붉은사슴의 토착 유제류와의 서식 경쟁으로 인한 피해 등이 보고되었다. IUCN 세계 100대 침입외래종으로 규정하고 있으며, 일본과 뉴질랜드에서도 특정외래생물종과 침입외래종으로 지정 관리하고 있다.

국내 주요분포

2007년 현재 국내에서는 약 4만 두 정도가 사육되고 있으나, 자연생태계에서 문제가 될 정도로 확산된 경우는 보고되지 않았다.

관리방법

아르헨티나와 뉴질랜드의 경우 사냥 등을 통해 개체수를 조절하고 있다. 붉은사슴이 자연생태계에서 늘어나는 경우 농작물 피해와 산림피해 및 고라니와 노루 등과 같이 자생하는 유제류와의 먹이 경쟁과 자생식물의 파괴 등 생태계에 부정적인 영향을 줄 수 있다. 방사 또는 탈출한 사슴은 방사지점과 사육장 주변에서 주로 서식하며, 번식기에는 수컷들이 발정한 암컷을 찾아 사육장으로 대부분 다시 찾아오지만 암컷의 경우 사육장으로 돌아오지 않고 자연에서 정착한다. 현재 소수만이 유입되어 국내 생태계에 영향이 보고된 사례는 없지만, 사육장에서의 탈출이나 방사의 위험이 있기 때문에 주기적으로 출현조사를 하고 출현이 확인되는 경우 조기 관리가 바람직하다.

주의사항

발정기 사슴의 경우 난폭해질 우려가 있으며, 뿔은 각질화가 진행된 경우 매우 딱딱하고 날카로워 큰 상처를 입힐 수 있으므로 맞부딪히는 일이 없도록 한다. 이 시기에 맞닥뜨리면 뿔이나 발 공격으로 목숨이 위험할 수 있으므로 주의가 요구된다. 자연생태계에 퍼져 나가 인가에 가깝게 출몰하는 경우에는 고라니나 노루처럼 진드기 등의 매개체를 통하여 질병을 유발할 가능성에 대해서 위생적인 대응이 필요하다.

Cervus nippon Temminck

꽃사슴

Spotted deer

생물학적 특징

사슴은 고산의 산림지대나 초원에서 무리생활을 하는 초식동물로 나뭇잎, 나무열매, 풀잎, 수초 등을 먹고 살며 소나 양과 같이 4개의 위를 가지고 되새김질을 하는 동물이다. 전 세계적으로 널리 분포하고 있으며, 토끼와 같이 1.5kg 정도의 매우 적은 체중의 자바콩사슴부터 말과 같이 체중 800kg이 넘는 무스사슴까지 그 크기와 종류는 매우 다양하다. 주로 북아메리카로부터 아시아를 거쳐 유럽으로 갈수록 점점 체격이 작아지는 특징을 나타낸다.

현재 사슴의 분류는 학자들에 따라서 견해를 조금씩 달리하나 대략 16속 46종 150~200아종으로 분류하고 있다. 각종 사슴의 종과 아종들은 3,000만 년 이상을 다양한 환경에 적응하고 생물학적 변화의 과정을 겪으며 세분화되었다. 분류 기준에 따라 차이가 있으나, 꽃사슴은 일본사슴, 대륙(만주)사슴, 우수리사슴, 대만사슴 등의 아종이 존재한다. 크기와 흰색의 경반 등 형태적인 모습의 차이로 서로 구분된다.

식별 | 꽃사슴은 우리나라에 흔히 사육되는 레드디어와 엘크 사슴과 비교하여 크기가 작은 편

에 속하며 몸에 흰색 반점을 많이 가지고 있어서 이들과 쉽게 구분된다. 일본에서는 유일한 사슴과 동물로서 한반도와 일본, 만주 등 동북아 지역에서 주로 서식한다.

일본사슴에는 나라사슴, 야쿠사슴, 금화산사슴, 북해도사슴 등이 있으며, 나라사슴과 야쿠사슴은 아주 소형으로 몸길이가 105~115cm 정도이고 체중은 25~50kg 정도이다. 몸에 흰 반점이 뚜렷하고 등줄기로부터 검은 털이 꼬리에까지 연결되어 있으며, 뛰어갈 때는 꼬리가 펼쳐져 하얀 털로 덮이게 된다. 겨울이 오면 흰 반점은 없어지고 몸 전체가 회갈색의 털로 변한다. 금화산사슴은 다리가 짧고 키가 작으며 몸집이 벌어져 통통하다. 머리는 몸집에 비해서 매우 크고 꼬리는 흰색 털로 덮여 있다. 북해도사슴은 다리가 길고 목이 길어서 키가 큰 편이다. 등에는 뚜렷한 줄이 있으며 꼬리는 길고 검다.

대만사슴의 여름철 털은 흰 반점이 뚜렷하고 아름다워 꽃사슴의 대명사로 인식되었으며, '매화록'이라는 명칭으로 불리기도 하였다. 몸의 균형은 잘 잡혀 있으며 몸길이는 110~140cm, 높이는 90~105cm, 체중은 40~90kg 정도에 이른다. 현재 대만사슴의 순종은 거의 멸종되어 소수만이 명맥을 유지하고 있다.

대륙사슴은 만주사슴 등으로 일컬어지며, 우리나라 백두산 근역부터 만주지방까지 서식하였으나 야생에서는 거의 멸종된 것으로 추정된다. 꽃사슴 중 비교적 대형으로 몸길이 140~155cm, 높이 100~110cm, 몸무게 60~110kg 정도에 이른다. 견고한 체격과 튼튼한 다리, 긴 털과 큰 귀를 가지며 얼굴은 긴 편이다. 털색은 대만사슴보다는 흰 무늬가 뚜렷하지 않고, 등줄기에도 일본사슴과 같이 검은 줄이 없다. 꼬리털은 꼬리 안쪽 부위가 흑갈색으로 진하나 꼬리 중간 부위는 하얀 털로 덮여 있고 꼬리 끝 부위는 흑갈색의 진한 털이 나 있다.

생태 | 서식환경이 다양하며 험한 산악지대를 제외하고 풀밭을 포함한 산림환경에서 서식한다. 평지부터 해발 2,500m까지의 산림에 살며, 먹이를 섭취할 때 외에는 산림을 떠나지 않는다. 암수가 따로 무리를 짓고 살거나 혼합무리를 이루어 서식한다. 먹이는 주로 나뭇잎과 풀잎, 줄기, 이끼를 먹거나 나무껍질, 민들레, 제비꽃, 메밀, 조, 밤, 도토리, 버섯류 등을 먹는다. 소에 비해서 거친 먹이의 소화도 가능하다.

사슴의 번식기는 서식지역의 환경 조건에 따라서 차이를 나타내는데, 우리나라의 경우 9~10월에 교배가 이루어진다. 임신기간은 227~249일이며, 5~6월에 한배에 1마리의 새끼를 낳는다. 발정기에 접어들면 눈 밑의 분비샘에서 특유의 냄새를 가진 왁스 형태의 물질을 분비한다. 발정기에 수컷들은 상대가 나타나면 돌진하여 머리를 맞대고 서로 밀어붙인다. 서로 맞대고 뿔을 부딪치며 격렬하게 싸우다가 심각한 중상을 입는 경우도 발생한다. 싸움에서 승리한 수컷은 주위의 모든 암컷을 거느리며 무리를 이룬다.

유입과 확산

사슴은 의약, 식품, 관람 등의 목적으로 사육되고 있다. 국내의 가축 사육 규모는 소, 돼지, 닭의 순서로 많으며, 이들을 제외하면 사슴이 가장 많은 두수로 사육되고 있다.

꽃사슴은 국내 도입되어 사육하는 다른 사슴 종들과 비교하여 호의적인 시각이 많은 편이지만, 사육 중 탈출한 꽃사슴은 몸의 크기 등의 여러 가지 여건을 고려할 때, 엘크나 레드디어 등 다른 사육 사슴들에 비해서 자연생태계 적응이 용이할 것으로 보인다. 사육장의 탈출이나 인위적인 방사, 방목 등으로 인하여 꽃사슴이 서식하지 않았던 일부 도서지역과 보호지역으로의 유입은 고유 생태계에 피해를 발생시킨다.

원산지와 유입경로 | 한반도와 일본, 만주 등 동북아에 주로 서식하고 있다. 국내에서는 제주도에 유입된 꽃사슴이 도서생태계에 영향을 미치는 것으로 알려져 있다.

외국의 확산사례 | 수렵동물로 유럽, 북아메리카나 호주 등지에 도입되었으나, 현재 확산 사례에 대해서 보고된 바 없다.

국내 주요분포

과거 동북아시아에서는 비교적 흔한 동물이었으나, 일제강점기에 이루어진 사냥으로 그 수가 급감하였다. 남한에서는 1921년 제주도에서 잡힌 꽃사슴이 마지막 야생사슴이 되어 사라졌고, 북한에서는 보호동물로 지정되어 백두산에서 소수가 명맥을 유지하고 있는 것으로 알려져 있다. 현재 산지나 보호지역에서 서식하는 개체는 인위적인 방사 또는 사육 중 탈출한 개체이다. 한반도에서 서식하는 사슴은 대륙사슴과 우수리사슴의 아종이다. 그 개체들 대부분은 중국이나 일본에서 들여온 것으로 한반도 아종은 없는 것으로 알려져 있다.

관리방법

꽃사슴이 자연생태계에 정착하여 확산될 경우 농작물의 피해와 산림 피해 및 고라니, 노루 등과 같이 자생하는 발굽동물과의 먹이 경쟁과 자생식물의 파괴 등 생태계에 부정적인 영향을 줄 수 있다. 생태경관보전지역과 같이 생태적으로 민감한 지역에 출현하는 사슴은 제거관리가 요구되며, 이동성이 높기 때문에 생태적으로 중요한 지역만이 아니라 야산과 같은 곳으로도 나가는 일이 없도록 사육장 관리가 제대로 이루어져야 한다. 유입 가능 지역의 경우 주기적으로 출현조사를 하고 출현이 확인되는 경우 조기관리를 하는 것이 좋다.

주의사항

붉은사슴과 같이 발정기에는 접촉에 주의해야 하며, 자연생태계에 퍼져 나가 인가에 가깝게 출몰하는 경우에는 질병을 전파할 수 있으므로 위생적인 대응이 필요하다.

Sus scrofa Linnaeus

미니피그

Miniature pig

©김동균

©김동균

생물학적 특징

미니피그는 돼지의 개량종으로 멧돼지과에 속하며 학명은 돼지나 멧돼지와 같이 *Sus scrofa*이다. 미니피그는 애완용 선호도를 높이기 위해, 크기는 물론 색과 생육특성 및 행동특성 등도 유전적인 방법 또는 다른 방법으로 변형한 경우가 많아 사육 도중 육용 돼지와 어느 정도 닮은 성장 특성을 보이기도 한다. 애완용으로 선호되는 것은 다 자라면 어깨높이 35.6~45.7cm, 몸무게는 3.6~20kg 정도로, 유순하고 지능이 높으며 친화력이 높은 것이 대부분이다. 피부색은 일반적으로 흰색에 검은색 무늬를 가지고 있으나 흰색, 흑색, 회색 등의 종류도 있고 눈동자가 에메랄드빛을 띠는 것 등 다양한 품종으로 개량되었다.

식별 | 보통 돼지들에 비해 크기가 매우 작고 모습이 귀여워 육용 돼지나 멧돼지와 바로 구분이 가능하다. 집에서 사육되는 다른 돼지들에 비해 코가 짧고 귀가 길며 꼬리가 직선형인 것이 많다.

생태 | 미니피그는 3~5달 정도 지난 거세되지 않은 수컷을 제외하면 냄새가 나지 않기 때문에 사람들이 사는 집 내부에서 기르는 경우도 많다. 미니피그는 급격한 온도 변화에 민감하여 편

안한 온도를 유지하기 위해 진흙 또는 물에서 뒹굴기도 하는데 이것은 피부가 햇볕에 그을리거나 곤충에 물리는 것을 막을 수 있다. 땀샘이 없어 체온 조절이 어렵기 때문에 춥거나 더운 날씨에는 약한 편이며, 높은 온도에서는 일사병에 걸리기 쉽다. 다른 돼지와 마찬가지로 잡식성이어서 육류나 채소, 곡물 등을 모두 먹는다. 지능이 높은 편이어서 몇 가지 동작은 애완견처럼 훈련이 가능하며 먹이로 보상하거나 자주 목소리를 들려주고 어루만지면서 훈련시킬 수 있다. 주인을 따르거나 소리를 내며 떼를 쓰기도 하는 등 사람과 잘 어울리지만 간혹 코로 땅을 들추는 등 야생의 습성을 보이기도 한다. 짝짓기 시기에는 성질이 난폭해져서 수컷은 암컷에 접근하기 위해 싸우기도 하며, 어금니를 날카롭게 만들어 무기로 사용한다. 암컷은 보통 1년에 한 번 정도 새끼를 낳는다. 임신기간은 100~140일 정도이며 한 번에 2~14마리(평균 4~8마리)의 새끼들을 낳는다. 어미는 새끼들에게 2~3개월가량 젖을 물려주고 3~4개월 후 젖을 뗀다. 평균 7개월 후에 독립하고 암컷의 경우 최대 18개월, 수컷의 경우 최대 60개월이면 성적으로 성숙하며 12~17년 정도의 수명을 갖는다.

유입과 확산

미국에서 애완용 돼지를 선호하여 많이 개발되었으며 우리나라에도 애완용 목적으로 수입되었다. 애완용 돼지는 돼지의 생물학적 특징과 생태특성을 간직하고 있어 사육이 쉬운 반면, 야생에서도 정착하여 확산이 가능하다. 미니피그는 애완용 이외에도 실험동물로 쓰여 연구 목적으로도 수입되는데 애완용 미니피그와는 계통이 다르다. 우리나라를 비롯한 세계 여러 나라에서 애완용 미니피그를 수입하고 있으며 사육이 늘어나고 있는 추세여서 사육포기와 방출 등의 이유로 자연생태계 확산이 초래될 수 있다.

원산지와 유입경로 | 중국 및 베트남이 원산지인 소형종을 1960년대에 개량하여 사육해 왔다. 이후 점차 그 크기를 축소하여 현재 1/3에서 1/5까지 축소한 미니피그가 생산되고 있다. 우리나라의 경우 동물원 등의 관람용, 개인의 애완용으로 도입되었으며 최근에는 실험동물로 도입되어 그 수요가 증가하고 있다. 애완용으로 수입된 미니피그는 포토베리종이 대부분이며 일본, 미국 등지에서 수입되고 있다.

ⓒ김동균

외국의 확산사례 | 베트남에서 최초로 미니피그로 개량되어 생산되었으며, 애완용으로는 1980년대 미국에서 미니피그를 생산하였다. 이 시기 미국 및 유럽 등지에서는 미니피그를 실험용으로 사용하기 시작하였고 미니피그는 의학 분야 여러 곳에 사용되었다. 연구목적으로 사용되는 경우에는 생태계 위해성 문제가 드러나지 않았으나 애완용으로 가정에 보급되면서 생태계 확산 등의 우려가 제기되고 있다.

국내 주요분포

동물원 전시용과 애완용으로 사육되고 있고, 근래에는 실험동물용으로 수입 및 생산되고 있

으며 계속해서 그 수요는 증가할 것으로 예상된다.

관리방법

지난 20년간 돼지는 해부학적, 생리학적 특성이 사람과 비슷하여 다양한 생명과학 분야(영양학, 순환기 및 치과분야, 이종장기 이식)에서 영장류나 개를 대신하여 꾸준히 연구되어 왔다. 유럽을 중심으로, 크기가 작고 다루기 쉬운 미니피그의 개량이 본격화되었으며 현재 약 6종의 미니피그가 사육되고 있고 크기가 작은 장점 때문에 무균돼지를 비롯한 SPF 돼지가 국내·외에서 사육되고 있다. 미생물학적으로 고품질의 미니피그가 생산, 공급되면서 이종장기 이식분야를 비롯한 다양한 생명과학 분야에서의 이용도 증가되고 있다. 인간과 대사 및 흡수가 유사한 돼지는 개와 영장류를 대신할 수 있는 모델로서 오랫동안 주목 받아 왔으나 성장속도가 느리고 많은 양의 시험물질을 필요로 하며 다루기 어려워 일부의 분야에서만 실험동물로 사용되어 오던 것이 최근 유럽을 중심으로 크기가 작으며 유순한 미니피그가 개량되면서 인체에서 효용가치를 지닌 최적의 동물모델로 주목을 받고 있다. 이와 같이 수요가 증가함에 따라 개체수가 증가할 것으로 예상되므로 철저한 관리와 개체의 파악으로 자연으로의 유입을 철저히 차단해야 할 것이다. 현재 국내에서 외부로 유출된 사례는 없다.

주의사항

미니피그는 품종이나 환경에 따라 어른 체중보다 더 자랄 수도 있어 사람이나 다른 애완동물 혹은 가재도구 등에 피해를 줄 수 있다. 오래 사는 경우 20년까지도 살 수 있는데 이러한 경우 성질이 날카로워지는 경우가 있어서 사람이 다치거나 재산상 피해가 발생할 수 있으므로 주의가 필요하다. 작은 돼지라도 새끼를 보호하는 중이거나 극심한 스트레스에 노출되면 사람을 공격하는 경우도 발생하므로 미니피그를 괴롭히거나 위협하는 등의 자극적인 행동을 피하는 것이 좋다.

또한 간염이나 신종플루와 같은 돼지독감형 질병의 매개체도 될 수 있으므로 위생관리에 철저할 필요가 있다. 미니피그는 온도에 따라 생리적 반응의 차가 심하기 때문에 여름의 높은 습도나, 겨울의 낮은 실내온도로 호흡기 계통의 감염이 쉽게 발생할 수 있는데 신종플루와 같은 인축공통전염병의 전파와 악성의 병원체 발생을 촉진할 수 있으므로 위생관리에 철저한 것이 좋다. 사육포기 등의 이유로 자연생태계에 정착하는 경우 생태계 피해와 야생멧돼지를 포함한 돼지의 교잡 등의 문제도 발생할 수 있을 것으로 보인다.

Equus asinus Linnaeus

당나귀

Donkey

생물학적 특징

인간과 오랜 역사를 공유해 온 당나귀는 고대 중동 지역의 문헌이나 성경의 많은 이야기 속에 흥미롭게 등장하는 친밀한 동물 중 하나이다. 말과 동물에 속하는 당나귀의 서식형태를 살펴보면, 과거부터 야생에 서식하는 아프리카야생당나귀와 아시아야생당나귀, 아프리카야생당나귀가 가축화된 당나귀, 그리고 사육 도중 자연에 유입되어 정착한 야생당나귀 등이 있다. 사육되는 당나귀의 일반적인 크기는 어깨높이 1m, 몸무게 100kg 정도이다.

식별 | 아프리카야생당나귀(*E. africanus*)는 외형상 말과 유사하며 머리가 크고 귀가 길며, 다리는 짧고 꼬리는 소와 비슷하다. 몸은 검회색이고, 배 쪽의 색은 희다. 등줄기를 따라서 검은 줄이 나 있고, 다리에는 줄무늬가 있다. 일반적으로 어깨높이는 125~145cm, 몸길이 200cm, 꼬리길이 45cm, 몸무게 275kg 정도이다. 아시아당나귀(*E. hemious*)는 말과 아프리카야생당나귀의 중간적인 특성을 지니고 있다. 키는 당나귀와 비슷하고 꼬리의 끝은 어두운 색의 둥근 털뭉치가 있다. 몸은 누런빛이 도는 갈

색에서 회색빛이 도는 갈색, 붉은빛이 도는 갈색으로 변화가 있으며, 배는 붉은빛이 도는 흰색으로 나뉘어 있다. 어두운 색의 짧은 갈기가 있으며, 등에는 진한 색의 세로줄무늬, 어깨에는 가로줄무늬가 있는 것도 있다.

생태 | 황량한 사막, 구릉 등 척박한 환경에서 서식하는 야생당나귀는 기온이 선선한 오후나 아침시간에 주로 활동하며, 더운 한낮에는 바위 언덕 등 그늘진 장소에서 휴식을 취한다. 수컷은 넓은 영역을 가지고 자신의 분변을 이용하여 서식 영역을 표시한다. 규모가 작은 무리는 하나의 수컷과 여러 마리의 암컷으로 구성되며, 큰 무리는 여러 수컷과 암컷으로 구성된다. 무리의 구성에는 유연한 편으로 자신의 영역 내에서 하위 계급 수컷의 서식도 허용한다. 사자와 늑대 등 포식자의 위험이 높은 경우에 대응하기 위해서 무리의 수를 늘려 나간다.

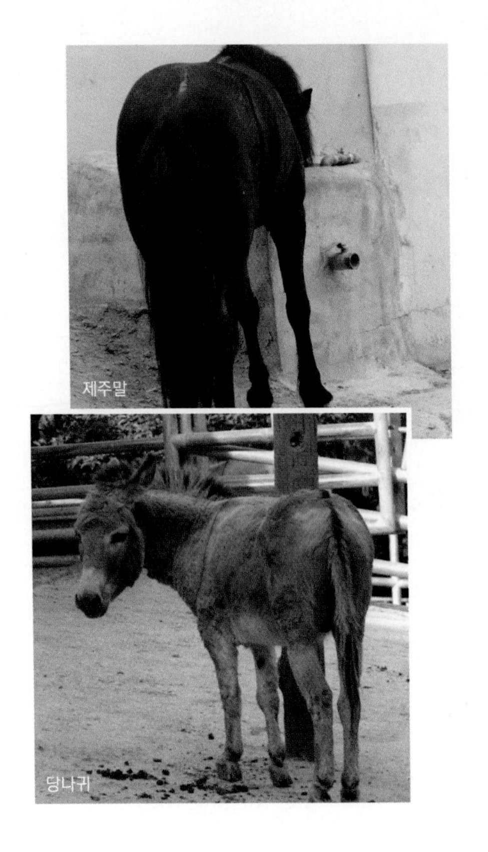
제주말

당나귀

당나귀는 초식동물로 풀이나 나무껍질, 나뭇잎 등을 먹으며, 건조한 기후에 매우 강하여 식물에서 수분을 섭취하고, 부족한 경우 3일마다 물을 섭취한다. 물은 생존에 있어서 반드시 필요하지만 적은 양으로도 잘 견딜 수 있다. 사육당나귀는 따뜻하고 건조한 기후를 좋아하지만, 야생화될 경우 척박한 환경에 적응할 수 있는 능력이 있다. 사육되는 당나귀는 연중번식이 가능하나 아프리카야생당나귀는 우기에 주로 번식한다. 임신기간은 약 12개월 정도이며, 출생 시 체중은 약 8.6~13.6kg 정도이다. 출생 후 30분이 경과하면 일어서서 움직이는 것이 가능하며 이유를 시작하기까지 5개월이 걸린다. 암컷은 2살이 되면 성적으로 성숙하여 매년 출산을 할 수 있지만 보통 3~4살 이후 활발한 짝짓기가 이루어진다. 수명은 야생에서 25~30년, 사육 상태에서 40~50년에 이른다. 말과의 교잡이 빈번히 이루어지는데, 수탕나귀와 암말을 교잡하여 노새를 출산하고, 암당나귀와 수컷말을 교잡하여 버새를 출산한다. 얼룩말과 당나귀의 교잡으로 제브라스와 종키를 출산하기도 한다.

유입과 확산

당나귀는 약 6,000년 전 북부 아프리카에서 처음 길들여 사육되었다. 당시의 경제 활동에 있어서 매우 중요한 존재였으며, 고대 이집트에서는 나귀의 소유가 높은 지위와 힘의 상징으로 인식되었다. 과거에도 당나귀는 성질이 온순하고 사람을 잘 따르며, 체구에 비해서 힘과 지구력이 우수하여 무거운 짐을 나르는 등 장거리 무역로 개발에 유용한 수단이었다. 당나귀에서 생산된 우유는 식품이나 화장품, 의약품의 용도로 활발히 사용하였다. 이 외에 승용이나 육용으로 이용되기도 하는 등 다양한 방면에서 가치를 나타내었다. 가축화된 당나귀가 탈출이나 유기 등의 원인으로 자연생태계에 유입되어 정착된 경우 지속적으로 개체수를 늘려 나갈 수 있으며 이는 토속 동물들과 서식지 경쟁이나 보호지역의 산림의 파괴 등 생태계를 교란시킬 우려가 있다.

원산지와 유입경로 | 아프리카야생당나귀는 과거 수단, 이집트, 리비아 등 북아프리카에 널리 서식하였으나, 현재는 에티오피아와 소말리아의 사막과 황무지에만 서식하고 있으며, 아시아 야생당나귀는 시베리아와 몽골, 파키스탄, 인도, 티베트 등의 사막과 평원에 분포한다. 북아프리카 지역에서 당나귀를 길들인 이후 약 4,000년 전 유럽에 처음으로 도입되어 사육하였으며, 16세기 콜롬비아의 탐험대와 함께 신대륙으로 전파되었다. 이후 멕시코 탐험가와 함께 미국으로 도입되었으며 미국 남서부에 있는 야생당나귀의 대부분은 골드러시 기간에 인위적으로 도입되었다가 탈출 또는 유기된 개체들이 정착한 것이다.

당나귀와 제주말

외국의 확산사례 | 유입된 야생당나귀는 토속 동식물상에 심각한 피해를 주기도 하는데 미국 모하비 국립보존지역에서는 야생당나귀 개체수가 급격히 증가하면서 이들이 섭식하는 식물군락에 큰 피해를 발생시켰다. 이들의 섭식행동은 토속 서식종인 빅혼의 서식을 방해하였으며, 종자를 주식으로 하는 새들의 먹이자원을 잠식하여 생존에 영향을 주었다. 호주에서는 야생당나귀가 심각한 환경 훼손의 요인으로 인식되고 있다. 발굽에 의해 식생을 침식하고 물웅덩이를 오염시켜 갈수기에 식용수의 부족을 야기하기도 하며 외래식물의 종자를 신체 부위에 묻혀서 전파하는 등의 문제가 보고되고 있다. 인도에서는 제한된 식량자원의 잠식으로 토속 동물종과 초식가축의 생존을 위협하기도 하며, 일부 지역에서는 멸종위기종인 사막거북과 바위이구아나의 서식을 방해하는 사례가 보고된 바 있다.

국내 주요분포

당나귀는 비교적 사육이 쉽고 질병에 강하며, 다양한 방면에서 활용 가치가 높기 때문에 사육 규모가 지속적으로 증가될 전망이다. 현재 국내 자연생태계에 유입된 보고는 없으나, 유입시 토속생물종의 피해 및 보호지역의 훼손 등 부작용이 발생할 수 있으므로 사육되는 개체의 탈출이나 유기 등의 행위가 일어나지 않도록 주의해야 한다.

관리방법

농가에서는 방목지의 면적을 고려하여 과방목으로 인한 피해가 발생하지 않도록 주의해야 하며, 사육시 탈출하여 자연에 유입되는 일이 없도록 관리를 철저히 해야 한다.

주의사항

온순한 동물이지만 자연 상태에서는 공격적인 성향을 나타낼 수 있으므로 직접적인 접촉을 피해야 한다. 질병의 전파 위험을 고려하여 야생당나귀와 사육 가축과의 접촉을 인위적으로 제한할 필요가 있다.

Felis catus Linnaeus

들고양이

Feral cat

생물학적 특징

고양이는 송곳니가 길고 뾰족하며 단단하고 튼튼한 엄니를 가지고 있다. 몸길이는 약 30~60cm이고, 꼬리 길이는 22~38cm 정도이며 몸의 높이는 25~28cm, 몸무게는 약 2~8.5kg이다. 일반적으로 긴 꼬리를 가지고 있지만, 짧거나 없는 종도 있으며 귀는 대부분 삼각형 모양으로 위로 서 있다. 앞발의 발가락은 다섯 개이고 뒷발은 네 개의 발가락을 가지고 있으며, 긴 발톱은 예리하고 강한데, 평상시에는 발톱이 많이 노출되지 않지만 공격을 하는 등 필요한 경우에 발톱을 드러낸다. 혀에는 많은 구상 돌기(설유두)가 있어 뼈에 붙은 고기를 발라 먹기 좋으며, 구상돌기(설유두)를 이용하여 스스로 털을 고를 수도 있다(그루밍). 눈의 동공은 어두운 곳에서는 원형이나 밝은 곳에서는 바늘 모양으로 바뀐다. 몸 빛깔은 흑색, 백색, 갈색, 회색, 오렌지색 등 여러 가지 다양한 색깔을 가지고 있다.

식별 | 집에서 기르는 고양이와 야생에 사는 고양이는 형태적으로나 유전적으로 구분되지 않는다. 야생화된 고양이와 애완용 고양이는 서식장소에 따라 구분하는 것이 일반적이다. 그러나

인가에서 먼 곳의 자연생태계에 출현하는 고양이는 대부분 야생화된 고양이로 볼 수 있고, 인가 주변에 살고 있지만 돌보는 사람이 없이 대부분을 집 밖에서 지내는 고양이도 야생화된 고양이로 볼 수 있으므로 때로는 그 기준이 모호하다. 애완용 및 관상용으로 키워지고 있는 고양이의 대부분이 사람에 대한 경계심이 적고 사람을 잘 따르는 편이며 사람에 의해 보호받고 있기 때문에 외관상 깨끗한 편이나 이런 점은 야생화된 고양이와 애완용 고양이의 구분에 그다지 유용하지 않다. 야생화된 고양이는 애완용 고양이보다 사람을 공격하거나 경계심이 많은 특징을 보인다.

생태 | 테어날 때의 체중은 약 100g이고 6개월이 될 때까지 급성장하여 출생시의 20배까지 자란다. 그 뒤에는 성장 속도가 느려지고 수컷은 9~12개월, 암컷은 8~10개월까지 자란다. 교배는 생후 9개월 이후에 가능하며, 교배에 의해서 배란하기 때문에 기회가 없으면 반복해서 발정한다. 일 년에 한두 차례 임신하는데 임신기간은 62~69일이고 한배에 평균 4마리를 낳는다.

고양이는 육식성으로 동물이나 새알 등 먹이의 종류가 1,000가지가 넘는 것으로 알려져 있다. 몸짓이나 소리 등을 이용하여 다양하게 소통하는 것으로 알려져 있으며, 매우 작은 소리도 들을 정도로 청각이 잘 발달되어 있고 사람이 듣지 못하는 초저음과 초고음도 들을 수 있으므로 쥐 등을 사냥하는 경우에 용이하다. 바깥귀가 큰 것도 청력이 높은 것과 관련이 깊다. 냄새에도 매우 민감하여 개보다도 냄새를 잘 맡는 것으로 알려져 있으며, 소변 속에 페로몬 성분을 가지고 있어서 민감하게 반응한다. 평균체온은 37~39℃이며, 52℃에서도 불편하지 않게 서식한다. 변이 마른 상태고 오줌은 진하게 나오는데 신장기능이 뛰어난 것으로 알려져 있으며, 육식에 적합한 구조로 짧은 내장을 가지고 있다. 유독물질에 약하고 기생충과 전염성 병원체에 민감한 편이다.

놀이를 좋아하여 먹이가 아닌 경우에도 동물을 가지고 놀며 죽이는 일이 많다. 산이나 들, 습

지에 나가 사는 고양이는 이러한 야생성이 현저해져 자연생태계에 정착하여 살아가며 증식하고 확산된다. 고양이는 야행성이지만 낮에도 활발하게 활동한다. 단독으로 먹이를 잡으며, 먹이가 다가오기를 가만히 기다리거나 소리 없이 먹이에 다가가서 잡는다. 주로 서식지 근처에 머무르나 야생화된 고양이는 28만 m^2에 이를 정도의 넓은 세력권을 가지기도 하며, 세력권은 높은 물체를 긁거나 오줌으로 표시한다. 최근 음식물 쓰레기 분리수거로 먹을거리가 풍부해지고, 동물 보호 운동이 활발해져 집을 떠나 사는 고양이가 더 늘어난 것으로 보인다. 애완용 고양이는 집 밖으로 버려지면 스트레스 때문에 성질이 포악해지고 사람에 해를 끼칠 수 있으며, 시간이 흐를수록 야성이 강해지는 고양이들로 인한 생태계 피해가 크게 늘고 있다. 이들 고양이는 꿩을 비롯한 조류의 알과, 다람쥐, 고라니 새끼 등의 동물을 마구잡이로 먹어 치우고 있으며 천연기념물이나 법정 보호종들까지 먹잇감으로 삼고 있다. 특히 도서 지역에 유입된 고양이들로 인해 보호종 조류들의 피해는 물론 어구 등 주민들에게도 재산상의 피해를 주고 있다.

유입과 확산

원산지와 유입경로 | 대부분의 들고양이들은 가정에서 애완용으로 기르던 개체가 버려지거나 집에서 나와 밖을 돌아다니며 번식한 것들이 대부분이다. 집을 떠난 고양이가 들과 산은 물론 습지로도 퍼져 나가 살고 있으며 도서 지역에서는 자연생태계에 더욱 널리 들어가 문제를 일으키는 것으로 보인다.

외국의 확산사례 | 세계의 여러 지역에서 고양이가 퍼져 나가 많은 문제를 야기하고 있는데 모두 애완용 고양이가 야생화된 것에서 비롯된다. 섬 지역에서의 피해가 특히 현저한 것으로 보고되고 있다. 미국에는 7천만 마리 이상의 야생화된 고양이가 있는 것으로 추정된다.

국내 주요분포

자연생태계에서 확인된 정착지는 전국에 걸쳐 있으며 특히 섬 지역의 경우 상위 포식자가 없는 상태에서 빠르게 확산되고 있다. 인가 주변, 산간 지역과 습지 등 대부분의 지역에서 발견되는데 생태계 문제를 야기하는 곳이 많다.

관리방법

고양이의 포획 및 중절 수술을 통한 번식 억제 그리고 애완용으로 키워지는 고양이들이 자연생태계로 방출되는 일이 없도록 관리하는 것이 바람직하다. 이를 위해 고양이의 사육자가 고양이의 등록과 관리에 책임을 지는 방법도 고려될 수 있다. 자연에 퍼져 나가 문제를 야기하는 야생화된 고양이는 포획이나 사살 또는 약제로 사용할 수 있으나 자연생태계에 대한 피해가 없게 하는 것이 중요하다. 영국의 왕립동물학대방지협회는 들고양이를 줄이기 위한 대책으로, 포획하거나 제거하기보다는 전체 고양이에 대한 거세와 난소 적출술 등을 이용한 출생 억제 방법을 권장하고 있는데 이런 방법은 노력과 비용이 많이 들고 단기간에 효과를 기대하기 어려운 단점이 있다.

주의사항

우리나라에서는 자연생태계에 정착한 고양이들로 인한 질병 전파 등은 알려져 있지 않으나, 외국의 경우 인수공통 전염병의 매개체가 된 일들이 알려져 있다. 특히 들고양이들이 쓰레기와 같은 오염물질을 접하기 때문에 사람들에게 질병을 옮길 수 있는 가능성이 있으므로 주의가 필요하며 사육하는 애완용 고양이라도 쥐와 같은 동물들과 접촉하여 병원체의 매개체가 될 수 있는 점을 고려하여 위생관리에 주의할 필요가 있다. 고양이는 사납게 변해 사람들을 공격하는 경우도 있고, 가축을 키우는 농가의 경우 가축을 공격하는 경우도 있으므로 이런 일들이 반복되지 않게 문제된 고양이들을 잡아내는 것도 중요하다.

Neovison vison Schreber

밍크

Mink

생물학적 특징

족제비과에 속하며 족제비와 비슷하나, 털의 밀도가 높고 광택이 흐르며 꼬리 끝부분의 색이 족제비보다 진하다. 몸이 굵고 다리가 짧으며 턱에서 목 부분에 걸쳐 흰 무늬가 있다. 모피코트를 떠올리게 하는 털가죽으로 매우 유명한 밍크는, 아메리카밍크와 유럽밍크가 있다. 아메리카밍크(*N. vison*)의 몸길이는 수컷 34~54cm, 암컷 30~45cm, 꼬리길이는 수컷 15~21cm, 암컷 14~20cm, 몸무게는 0.5~2kg이다. 뒷발의 물갈퀴는 물속 생활에 유용하며 귀는 작고 꼬리는 길며 털이 많이 나 있다. 털은 추위에 견딜 수 있도록 단열효과가 우수하다. 유럽밍크(*N. lutreola*)의 몸길이는 수컷 28~43cm, 암컷 13~18cm, 꼬리길이는 수컷 12~19cm, 암컷 13~18cm이고, 몸무게는 아메리카밍크보다 가벼운 편이다.

식별 | 아메리카밍크와 유럽밍크는 북아메리카에서 진화되었으며 약 1만 년 전 지리적으로 분화된 것으로 알려져 있다. 외견상으로 2종이 매우 유사하나 골격에 차이가 있다. 아메리카밍크의 몸집이 더 크고, 유럽밍크에 비해서 개체수도 많다. 세계 각지에서는 아메리카밍크가 인공

사육 중 생태계로 유입되어 야생에 정착된 경우가 많다. 유럽밍크는 러시아, 동유럽, 핀란드, 프랑스, 시베리아에 서식하고 아메리카밍크는 북아메리카 대부분에 서식한다.

생태 | 밍크는 환경적응력이 매우 뛰어나서 서식지와 기후 등의 다양한 변화에 대해 수월하게 대처하며 살아간다. 반수생으로 하천, 호수, 해안 같은 물과 가까운 곳에서 주로 생활하며 나무의 빈 구멍이나 바위틈, 터널과 같은 곳에 잎과 이끼 같은 것을 모아 집을 짓는다. 작은 몸을 이용하여 쥐의 구멍이나 작은 틈새 등을 피신처로 이용할 수 있어 사람의 간섭 등에도 쉽게 대처할 수 있다. 해질 무렵이나 야간에 주로 활동하고 흐린 날씨에는 낮에 활동하기도 한다.

밍크는 육식성으로 물속이나 강가에서 쥐, 청설모, 토끼, 새, 가재, 개구리, 물고기 등을 잡아먹으며, 먹고 남은 먹이는 굴속에 보관한다. 수달류나 족제비류의 다른 족제비과 동물에 비해 훨씬 다양한 먹이를 섭식한다. 따라서 다른 종과의 먹이 경쟁에 유리하고, 섭식하는 주 먹이가 부족할 때에도 쉽게 다른 먹이로 전환하는 장점이 있다. 예를 들어 밍크의 서식지 내에서 수달과의 먹이 경쟁으로 물고기 섭식이 어려운 경우 물고기의 선택 기준을 달리하거나 서식지 내에서 수달 등과 서로 다른 장소를 이용하기도 한다. 밍크는 연중 일정한 시기에 번식하는 계절번식 동물로서 1년이면 성숙한다. 2~4월에 번식하며, 임신기간은 39~78일이고, 5월에 2~8마리의 새끼를 낳는다. 새끼는 눈을 감은 채 태어나며 털이 없다. 1개월 후에 눈을 뜨고 5주에 이유를 하며 2개월이 지나면 수영을 한다. 일정 기간 어미의 보호를 받다가 생후 3~4개월 후 어미의 세력권을 떠나 독립한다. 수명은 7~10년이다.

밍크는 단독으로 세력권을 가지는데 1마리씩 강 또는 호수의 가장자리를 따라 1~4km에 이르는 세력권을 형성하며, 냄새나 위협 등으로 세력권을 지켜간다. 세력권 내에서는 몇 개의 굴을 만들고, 주로 사냥하는 중심 지역도 존재한다. 암컷의 행동권은 수컷의 세력권보다 약 20%가량 좁다. 숲이나 바위 등 자연 환경에 따라 세력권의 크기가 달라지는데 이는 먹이의 풍부성과 밀접한 관계가 있다.

유입과 확산

털가죽을 얻기 위한 목적으로 인공 사육되고 있는 가운데 일부 개체가 사육장을 탈출하여 새로운 환경에 적응하면서 자연생태계에 유입되기도 한다. 밍크는 식욕이 왕성하며 환경 적응력이 뛰어나다. 아메리카밍크가 야생화된 나라에서는 토착종을 위협할 가능성이 있는 외래종으로 여겨지고 있다.

원산지와 유입경로 | 북아메리카와 유럽, 아시아에서 서식한다.

외국의 확산사례 | 아메리카밍크가 유럽 각지와 남아메리카 지역에서 조류를 공격하여 개체수를 급격히 감소시키는 등의 부정적인 영향을 나타낸 사례가 알려져 있다. 유럽에서는 토착 족제비과 동물들과의 경쟁으로 토착종 서식에 부정적인 영향을 미치기도 하였다. 이 외에 아메리

카밍크는 송어나 연어 농장 등에 피해를 발생시켰으며, 양식장이나 축산농장 등에도 피해를 주어 경제적인 손실을 일으킨 사례가 있다. 일본에서는 특정외래생물로, 영국에서는 침입외래종으로 지정하여 관리하고 있다. 유럽밍크 서식지에 아메리카밍크의 유입시 유럽밍크는 아메리카밍크와의 경쟁에서 뒤쳐질 수 있으며, 두 종이 공존하는 곳에서는 종의 판별이 어렵기 때문에 관리가 쉽지 않고 교잡이 일어날 가능성이 존재하므로 유럽밍크의 서식에 해로운 영향을 미친다. 그리고 밍크를 비롯한 몇몇 족제비과 동물은 특정 형의 인플루엔자 바이러스의 숙주로 작용한다는 보고가 있다.

국내 주요분포

두만강, 러시아 연해주 일대에 분포한다.

관리방법

서식지의 확대 및 이동을 사전에 예방하는 관리방법도 필요하다.

주의사항

밍크 사육시 자연생태계로 나가지 않도록 주의해야 한다. 여러 가지 질병을 전파할 수 있으므로 직접적인 접촉을 피하는 것이 바람직하다.

※밍크모피

밍크는 방수성이 뛰어나고 긴 털이 치밀하게 나 있는 모피를 가지고 있으므로 기온이 내려가도 체온 유지가 가능하다. 밍크모피는 최고급으로 인식되어 오래 전부터 포획이 이루어졌으며, 특히 18~19세기 야생에서 포획된 모피의 거래가 성행하였다. 모피의 수요는 급증하였고 가격이 큰 폭으로 상승하였으며, 그에 따른 지나친 포획으로 개체수가 급격히 감소하였다. 1866년 미국에서 인공사육이 시작된 이후 세계 각지에서 인공 사육이 성행되었으며, 오늘날 아메리카밍크의 모피는 대부분 농장에서 생산되는 것이 시장에서 거래되고 있다. 사육밍크는 야생밍크와 달리 붉은색과 녹색 계통 외에는 거의 모든 색이 갖추어져 있다. 가공품은 코트, 목도리 등으로 이용되며, 아름다운 겨울털이 있는 12~1월에 포획하여 이용한다. 최근에는 고품질 합성모피의 등장과 패션의 변화 등의 흐름으로 인하여 야생 모피동물들이 포획의 위험에서 비교적 안전하게 되었으나, 특정 지역에서는 지금도 불법 밀렵이 일어나기도 한다.

Mustela furo Linnaeus

페럿

Ferret

생물학적 특징

페럿은 스컹크, 밍크, 족제비와 비슷한 동물로 유일하게 애완용으로 많은 사랑을 받고 있는 동물이다. 페럿의 크기는 수컷이 약 50cm, 암컷은 약 30~38cm 정도이고 몸무게는 암컷이 약 0.5~1kg, 수컷은 약 1~2kg 정도이다. 시력은 정면 15cm 정도만 확인이 가능하고 청각과 후각이 발달하였다. 머리는 둥글고 목은 길고 굵으며, 코는 짧고 끝으로 갈수록 가늘다. 꼬리는 몸길이의 1/4 정도이고 끝부분이 가늘어진다. 털은 흰색과 검은색이 기본색이며 그 밖에 은색, 적갈색, 밤색 등으로 다양하고 봄과 가을에 털갈이를 하는데 여름에는 짧고 옅은 색을 띠며 가을에는 길고 어두운 색을 띤다.

페럿의 학명은 *Mustelo furo*인데 furo는 라틴어의 foronem, 이탈리아어의 furone에서 유래한 어원으로 '도둑'을 의미한다. 이는 족제비과 특유의 행동특성에서 비롯된 것으로 보인다.

식별 | 페럿과 유럽족제비는 염색체수와 털색 등이 비슷하여 잡종 번식이 가능한 것으로 알려져 있으며 이를 근거로 페럿은 유럽족제비를 길들인 것이라는 주장이 제기되기도 하였다. 그러나 북아메리카에 서식하는 검은발페럿과는 생물학적으로 전혀 다른 동물이라는 점을 생각해

볼 때 그 가능성은 높지 않다.

페럿의 뛰어난 감각과 유연한 골격 및 근육구조는 비좁은 장소에서 자유롭게 움직일 수 있게 하는 요소이다. 페럿은 스컹크와 비슷하게 꼬리에 항문선이 있어서 영역을 표시하거나 적으로부터 자신을 보호할 목적으로 냄새를 방출하기도 한다. 간혹 외형상 설치류와 비슷하여 설치류로 오인하기도 하지만 실제로 페럿 특유의 냄새는 설치류인 쥐에게는 경계심의 대상이 된다. 과거 미국에서 덫이나 약으로 쥐를 잡기 이전에는 페럿이 주로 이용되기도 하였다.

생태 | 애완용으로 사육되는 페럿은 오랜 기간에 걸쳐 길들여졌기 때문에 인간에 대한 의존성과 친밀도가 매우 높다. 본래 야행성이지만 사육자의 생활 리듬에 맞추어 취침시기와 활동시기가 달라진다. 사육되는 페럿의 경우 하루 15시간 이상을 취침하기도 한다. 야생에 적응한 페럿은 초원, 목초지, 숲과 도시 및 교외 지역 등 다양한 환경에서 서식한다. 새로운 서식 영역의 확보를 위해서 수영으로 수로를 건너기도 하는 등 장거리 이동이 가능하다.

페럿은 생후 4~8개월 이후 성적으로 성숙하며, 임신기간은 41~42일 정도이다. 한 배에 1~18마리의 새끼를 출산하는 것으로 알려져 있다. 출생시 체중은 8~10g 정도이며 눈과 귀가 열리는 데에는 21~37일이 걸리고 생후 6~8주 경과 후 이유할 수 있다. 사육 상태에서의 수명은 7~9년 정도이고 12년을 생존한 경우도 있으나, 야생에서의 수명은 사육 페럿에 비해 짧다.

유입과 확산

페럿은 주로 털가죽 생산의 목적이나 애완용으로 사육되고 있다. 최초로 가축으로 기르기 시작한 시기에 대해서는 기원전 4세기경 가축되었다거나 기원전 1300년경 이집트에서 쥐를 없애기 위해서 길들여졌다는 의견이 있지만 명확하지는 않다. 초기에는 쥐를 없애기 위해서 사육되었으나, 그 역할이 고양이로 대체되었고 페럿은 반려동물의 역할로 사육되었다. 로마나 근세 유

럽에서는 토끼굴 속에 페럿을 넣어 토끼를 사냥하는 데 이용하기도 하였다. 토끼굴의 출구에 그물을 치고 터널 사냥의 명수인 페럿을 굴 속에 넣으면 토끼가 튀어 나와 사냥하였고, 농부들이 헛간의 쥐를 없애거나 선원들이 배에 있는 쥐를 없애기 위해서 페럿을 사용하기도 하였다. 본격적으로 애완동물로 선호되기 시작한 것은 특유의 냄새를 없애는 방법이 알려진 1970년대부터이다. 농장에서 사육 중인 개체나 가정에서 사육 중인 개체가 탈출하는 경우, 또는 유해조수의 퇴치 목적으로 방사된 개체가 새로운 환경에 적응하는 등의 경로를 통하여 자연생태계로 유입된다.

원산지와 유입경로 | 북아프리카와 유럽 등에서 사육이 시작된 것으로 알려져 있으며, 현재 애완용이나 유해조수 구제용으로 세계적으로 널리 사육되고 있다.

외국의 확산사례 | 뉴질랜드에서 페럿은 토끼 개체수 저감을 위한 생물학적 제어용으로 활용되었으나 도입 이후 자연으로 확산되었다. 또한 일부 모피농장에서 탈출한 개체가 자연에 정착한 사례도 발생하고 있다. 뉴질랜드와 스코틀랜드에서는 애완동물로 기르던 개체가 탈출한 사례가 보고되기도 하였다. 서유럽과 호주, 뉴질랜드에서는 침입성 외래동물로 인식되고 있으며, 뉴질랜드에서는 새 또는 새의 알 그리고 소형 파충류와 척추동물의 포식 행동으로, 영국에서는 토착종과의 교잡, 그 외 서유럽 일부 지역에서는 토착종과의 서식지 경쟁의 문제를 야기하며 자연생태계 유입에 따른 다양한 부정적인 영향을 초래하고 있다.

페럿을 비롯한 몇몇 족제비과 동물은 특정형의 인플루엔자 바이러스의 숙주로 작용하기도 한다. 이외에 광견병 등의 위험성을 지니고 있으며, 뉴질랜드의 목장에서는 직접적인 접촉이나 사료 등의 음식물 등을 통하여 소 결핵을 전파하는 것으로 보고되었다.

국내 주요분포

국내 자연생태계에 유입된 보고는 없다.

관리방법

페럿의 판매인과 개인 소유자는 페럿이 자연생태계에 나가지 못하도록 관리에 주의할 필요가 있다. 국내에서 애완용으로 많은 개체가 사육되고 있으므로 신고제도 등을 활용하여 사육현황의 파악이 선행되어야 한다. 개체수가 급증할 때에는 물리적인 방법을 이용하여 개체수를 줄이는 등의 적절한 방법으로 개체수를 유지해 나가야 한다.

주의사항

페럿은 자연생태계에 유입 및 확산시 조류의 서식에 피해를 주기도 하고 토종 족제비과 동물과의 경쟁을 유발할 수 있다. 특히 애완용 페럿이 탈출하여 자연에 유입되는 일이 없도록 해야 한다. 야생에서는 여러 가지 질병을 전파할 수 있으므로 직접적인 접촉에 주의하는 것이 바람직하다.

Procyon lotor Linnaeus

미국너구리

Raccoon

생물학적 특징

미국너구리는 일반적으로 라쿤(raccoon : 손을 비비는 사람)으로 잘 알려져 있다. 앞발을 비비거나 다듬고, 물에 담그는 등 마치 씻는 듯이 행동하여 북아메리카 인디언들로부터 *lotor*(씻는 자)라는 종명이 유래한 것으로 전해진다. 너구리와 비슷하며 흰 털이 섞여 있는 회색이지만, 밝은 적갈색 또는 흰색을 나타내기도 한다. 눈 주위는 검고, 귀는 둥글며 작고 뾰족한 편이다. 꼬리는 갈색과 검은색의 가로줄무늬가 번갈아 있다. 몸길이는 50~70cm이고, 몸무게는 3.8~8kg이다. 다리는 짧고 발에는 각각 5개의 발가락이 있으며 발톱이 강해 나무에 오르기 쉽게 발달되어 있다.

식별 | 미국너구리는 얼굴이 여우와 비슷하고 눈 주위에 검은 띠가 있으며 통통한 몸집에 가로줄무늬 꼬리를 가지는 등의 특징으로 다른 종과 쉽게 구별할 수 있다. 너구리는 꼬리에 가로줄무늬가 없다.

생태 | 산림의 물가와 수풀에 주로 서식하며 독립생활을 하거나 가족 단위의 집단생활을 한다. 밤에 주로 사냥을 하며 낮에는 서식지에서 지낸다. 개구리, 가재, 물고기, 새, 알, 옥수수, 견과류, 과일, 설치류, 조개류, 새우류, 지렁이류 등을 먹이로 이용하는 잡식성이다. 수영을 잘 하고,

주변에 물이 있으면 먹이를 물에 넣어서 문지르는 습성이 있다. 나무에 잘 오르며, 위급할 때 나무 위로 피신하는 경우가 많다. 봄에는 암컷이 나무 위의 빈 구멍에서 새끼를 키우기도 하나 보통 땅속의 굴을 서식지로 선호하는 것으로 알려져 있다. 그 밖에 숲 속, 장작더미, 헛간, 낡은 집의 지붕 밑을 서식지로 이용하기도 한다.

겨울잠을 자는 것은 아니지만, 추운 지방에 서식하는 미국너구리는 굴 속에서 겨울을 보내기도 한다. 1년에 한 번 1월이나 2월에 짝짓기를 하며, 짝짓기동안 수컷은 서식 범위를 확장하고 암컷은 굴을 찾는다. 임신기간은 63일 정도이며 4월에 3~5마리의 새끼를 낳는다. 암컷이 육아를 담당하며 생후 70일경 이유를 하고 평균 10개월이면 독립한다.

유입과 확산

성격이 난폭하고 잡식성이며, 뛰어난 환경 적응 능력을 가지고 있어서 자연생태계에 유입 및 정착한다면, 국내 토종 너구리와의 경쟁에서 우위를 점하게 될 것으로 예상된다.

원산지와 유입경로 | 주로 캐나다 남부, 북아메리카와 중앙아메리카에 널리 분포하고 있었으나 농업 용지의 확대 등으로 분포 지역이 점차 넓어지는 경향을 나타내고 있다. 현재 유럽과 아시아 일부에까지 이입되어 있으며 다양한 환경에서 서식하고 있는 종으로 알려져 있다.

외국의 확산사례 | 일본에서는 애완용으로 키우던 미국너구리가 탈출하거나 사육하다가 버려지는 등의 원인으로 자연생태계에 유입되었다. 미국너구리의 유입은 각종 곡물과 과일 재배 등 농업 경제에 큰 피해를 발생시켰으며, 토착종인 너구리 또는 여우 등과의 경쟁으로 생태계 혼란을 일으킨 사례가 있다. 일본에서는 질병의 전파와 생물다양성에 부정적인 영향을 고려하여 특정외래생물로 지정하여 관리하고 있다.

발자국

국내 주요분포

현재 국내에서는 자연상태에서 미국너구리의 분포가 확인된 바 없다.

관리방법

개인이 현재 사육하는 미국너구리의 개체수와 개체의 변동 사항에 대하여 신고하는 등 체계적인 관리가 중요하며, 광견병 등 전염병 예방을 위한 접종이 필요하다. 사육하던 미국너구리가 자연생태계에 방사되지 못하도록 할 필요가 있다.

주의사항

성장한 미국너구리는 성질이 난폭하고 공격성이 강하므로 주의해야 한다. 광견병과 미국너구리회충증 등 각종 질병의 매개체이므로 물리지 않도록 주의해야 하며 직접 접촉은 피하는 것이 좋다.

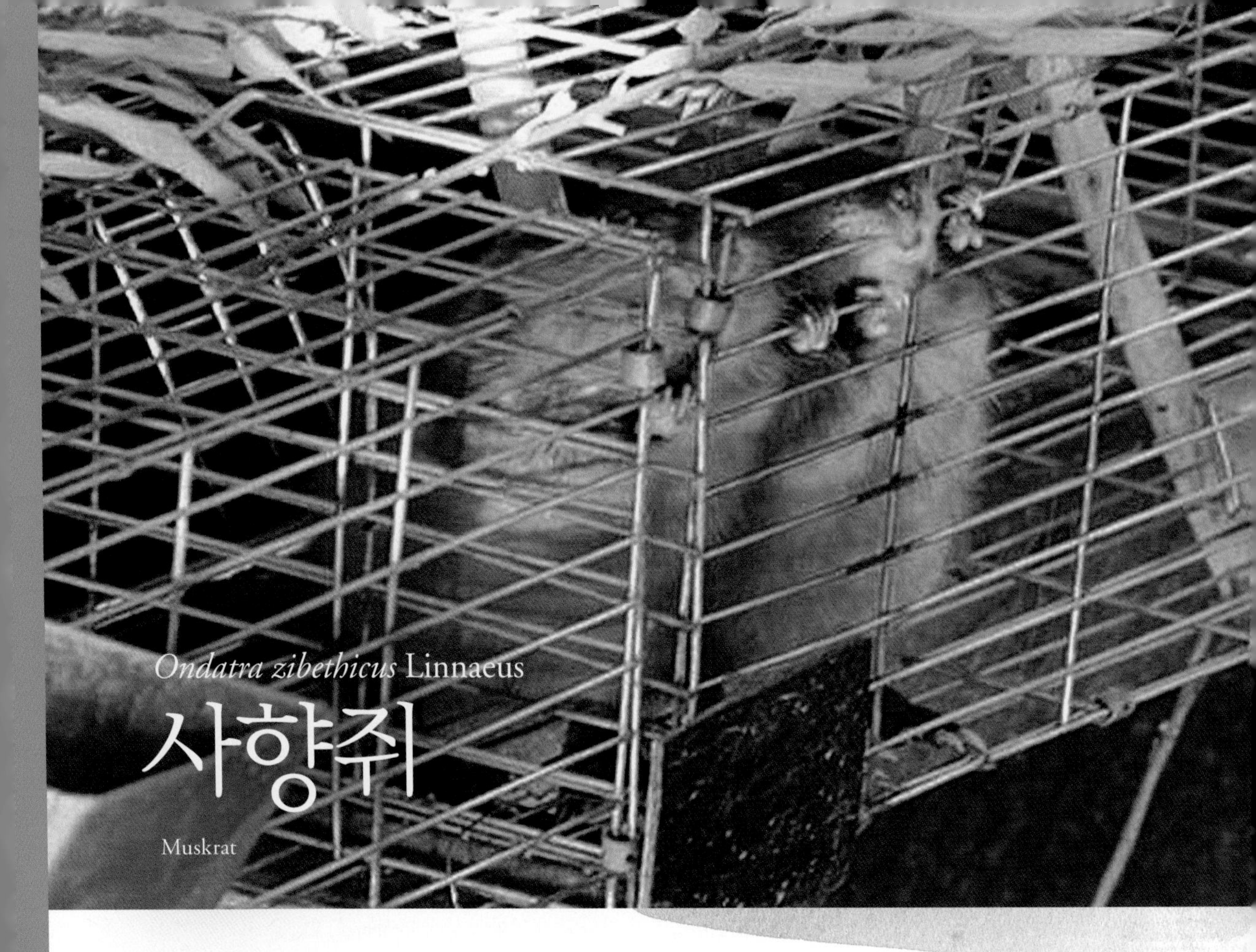

Ondatra zibethicus Linnaeus

사향쥐

Muskrat

생물학적 특징

머리가 크며 눈과 귀가 작고, 입수염과 꼬리가 길다. 상반신에는 흑색의 긴 털이 있고 옆쪽의 털은 짧고 연한 흑갈색이다. 성체의 크기는 40cm 정도이고 꼬리 길이는 25cm까지 이르며, 몸무게는 1.5~2.0kg에 달한다. 뒷발이 편평하게 펼쳐지며 물갈퀴 모양을 이룬다. 꼬리는 옆으로 편평하며 표면은 비늘 모양이고 털이 별로 없다.

식별 | 쥐나 뉴트리아와 비슷한 생김새이나 쥐보다는 크고 뉴트리아나 수달보다는 작다. 쥐는 물에 살지 않으며 털이 짧은 흑회색이고 사향쥐보다 꼬리가 가늘고 둥글며 발이 물갈퀴 모양을 하지 않아 구별이 쉽다.

생태 | 물속을 자유롭게 헤엄치며 겨울에는 바닥이 얼지 않는 물에 살고 물 위에 자란 수초를 엮은 집에서 추위를 피하기도 한다. 3월 전후와 가을에 주로 이동하면서 주변으로 확산되는데 급류를 타고 이동하는 경우도 있다.

유입과 확산

물이 잔잔하고 수초가 우거진 곳을 좋아하여 그곳의 수초대가 망가지는 피해가 자주 발생한다.

뉴트리아와 외부 형태가 유사하지만 추위에 대한 내성은 뉴트리아보다 높아 우리나라의 자연생태계에 충분히 적응할 수 있을 것으로 보인다.

원산지와 유입경로 | 북아메리카 원산으로 모피산업과 사냥을 위하여 도입된 경우가 많다. 한국에서는 사향쥐 사향의 생산연구를 목적으로 도입된 후 상업적 사육이 시작되었다. 자연환경에서는 현재 출현기록이 없으나 대량사육지에서 100여 마리를 사육하면서 전국 농민을 대상으로 상업적인 분양을 하고 있고 이미 여러 곳에 분양된 것으로 확인되어 향후 사육장 인근을 중심으로 자연생태계에 출현할 가능성이 있다.

외국의 확산사례 | 1900년 전후에 중부 유럽으로 도입되어 출현한 이래 1933년에는 함부르크에 나타났고, 1947년까지 라인강과 도나우강, 엘베강 등으로 널리 확산되었다. 핀란드에서는 전국에 방출한 후 35년이 지나지 않아 전국의 서식 가능한 지역에 모두 확산되었다. 또한 프랑스에서는 1920년대에 사향쥐를 사육한 이후 주요 지역으로 확산되었고, 1930년대까지는 스위스로 퍼져 나갔다.

서식지
농장

국내 주요분포

국내에는 2005년 분양 목적으로 도입되었고, 충북 청원군 강외면과 충남 연기군 조치원의 사향쥐 대량 사육지를 비롯한 전국의 60~80여 개인 사육농가에 산재해 있다.

관리방법

사향쥐는 번식력과 확산성이 높고 우리나라에서는 고산지대를 제외한 전국에서 서식이 가능하여 넓게 퍼질 가능성이 있으므로 생태계 유입을 주의할 필요가 있다. 특히 수로로 연결되는 지역은 주변에서 봉쇄 사육되는 사향쥐도 확산될 수 있어 주의가 필요하다. 평지나 저지대의 경우 홍수와 범람으로 인한 확산에 주의를 요한다.

주의사항

우리나라에서 사육 중인 사향쥐는 병원성이 알려져 있지 않으나 야생사향쥐나 야생화된 사향쥐는 직접 접촉을 피하는 것이 현명하다.

Rattus norvegicus Berkenhout

집쥐

Norway rat, Brown rat

생물학적 특징

집쥐는 다른 쥐들에 비해 비교적 몸체가 큰 반면 귀가 작다. 몸길이는 22~26cm, 꼬리길이는 17~20cm 정도이며, 성체의 몸무게가 200~500g에 이른다. 발 표면은 회색에 가깝다. 어린 개체는 성체보다 이마 쪽이 길고 모피가 부드럽다. 등 쪽은 붉은색이 적고 회색으로 나타나 곰쥐의 어린 개체에 가깝게 보이기도 한다.

식별 | 집쥐는 꼬리가 몸보다 짧고 귀를 접으면 눈에 닿지 않으나 곰쥐는 몸이 꼬리보다 짧고 귀를 접으면 눈에 닿으며 곰쥐보다 집쥐가 크게 자라는 점에서 서로 구분된다. 집쥐의 뒷발은 곰쥐에 비하여 강하며 꼬리의 윗면은 어두운 색이고 아랫면은 다소 옅은 색이다.

생태 | 집쥐는 연 3~5회 출산이 가능한데, 임신기간은 약 24일이고 한번에 4~10마리의 새끼를 낳는다. 한 번 출산하는 새끼수는 초산인 경우는 2~4마리, 두 번째 출산에서는 5~6마리, 세 번째 이상 출산에서는 7~8마리다. 대개 한 해에 4~6마리를 낳는데 20마리 이상 낳는 경우도 있다. 새끼는 생후 약 80일이면 성숙한다. 만 한 살이 되기까지는 5~6회 새끼를 낳고 두 살 때에는 3~4회, 세 살이 되면 노쇠하며 수명은 4년 정도이다.

밤에 많이 활동하는 야행성이지만 낮에도 활동한다. 시력이 좋지 않으나 소리나 냄새, 접촉에 민감하게 반응하여 주변을 돌아다니며 먹이, 장애물과 길 등 필요한 내용을 습득하며 생활한다. 새롭게 설치된 쥐틀과 같이 익숙하지 못한 구조물을 조심하여 피하는 경향이 있다. 궁지에 몰리면 고양이나 사람에게 덤벼들기도 하며, 집단으로 생활하고 집단 내의 개체 간 서열이 뚜렷하다. 잡식성으로 곡물을 좋아하고 고기, 과실, 야채, 어패류, 달팽이, 고추 등을 섭식하며 곤충이나 새의 알, 물고기와 감자, 콩, 땅콩 등도 좋아한다. 과일을 먹을 때는 구멍을 뚫어 속만 먹기도 하고 먹이를 손으로 쥐고 다른 곳으로 가서 먹기도 한다. 굴과 집을 중심으로 반경 30~50m 범위에서 먹이와 물을 구하며 반경 100m를 거의 벗어나지 않는다.

장애물이 있으면 구멍을 파고 들어가거나 기어올라 창고나 집 등 건물 안으로 들어간다. 곰쥐보다 헤엄을 잘 치는데 헤엄쳐 물 건너편으로 가기도 한다. 집쥐와 곰쥐는 생태적 지위를 달리하여 같은 건물에 사는 경우, 집쥐는 지하나 일층에 주로 있고 곰쥐는 이를 피하여 이층 삼층 등으로 올라가 산다. 인가 외에 농지와 숲속, 강기슭, 습지, 도서지역 등과 사찰 주변, 사람의 출입이 잦은 야산에서도 서식한다. 주로 하수구나 쓰레기장, 식품창고 등과 같이 수분 섭취가 가능한 비교적 습하고 따스한 곳을 선호하며, 농경지나 야산에서는 지면에 땅을 파고 집을 삼는다.

먹이가 풍부한 집에서 살고 있는 집쥐는 별로 이동을 하지 않고 영주하지만, 식량이 풍부하지 못한 집에서 살고 있는 집쥐들은 불안을 느끼게 되어 영주할 수 있는 집을 찾아 이동한다. 1개월 동안 1km, 3개월에 4km까지 이동한 예가 있으며 사수도와 같이 계절적으로 선호하는 먹이나 취할 수 있는 먹이가 다른 곳에 있는 경우에는 대부분 먹이가 있는 곳으로 이동한다.

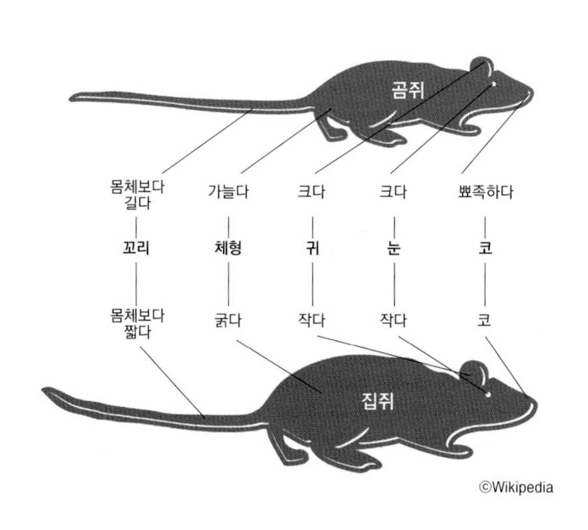

©Wikipedia

유입과 확산

원산지와 유입경로 | 중앙아시아 원산으로, 18세기 초에 유럽으로 건너가 널리 퍼졌는데, 유럽으로 들어간 시기는 곰쥐보다 훨씬 늦다. 현재 세계 각 지역에 널리 분포하고 있으며 국내에는 수입선박이나 수입물품 등을 통해 유입된 것으로 보인다.

외국의 확산사례 | 유럽, 아시아 지역 등에 확산되기 시작되어 현재 세계적으로 분포 범위가 매우 넓으며, 계속해서 미분포지역으로 확산되고 있다. 특히 집쥐에 민감한 생태계인 도서지역에서 큰 문제가 되고 있다. 이미 유럽 각국에서 생태계교란 및 질병 확산 등의 피해사례가 발생함에 따라 화학약품 및 포획장치를 이용한 대대적인 박멸작업이 이루어진 사례가 있으며, 새로운 지역으로의 확산을 막고 조기에 제거하려는 노력을 기울이고 있다. 브라질에서 집쥐의 유입과 확산으로 멸종위기종인 바닷가재가 산란에 피해를 입었으며, 뉴질랜드에서는 보호 조류의 생태에 악영향을 끼치는 등 집쥐의 피해사례가 세계적으로 많이 보고되었다.

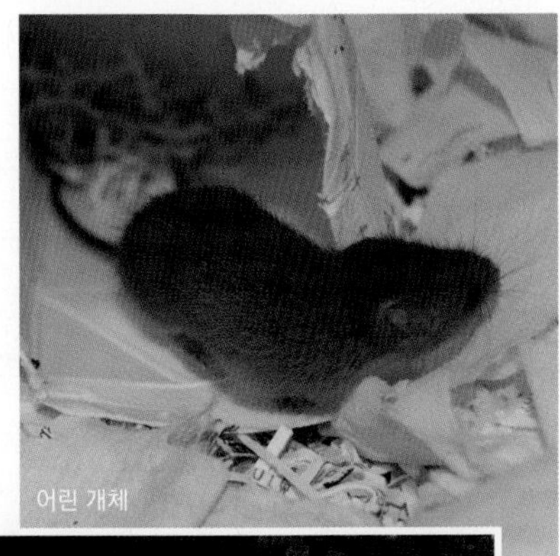
어린 개체

쥐덫

피해(슴새 알)

국내 주요분포

전국에 폭넓게 분포하며 사람의 출입이 잦은 지역에서는 산지의 높은 곳에서도 출현한다. 대부분의 유인도에서 출현하지만, 암석형의 소형 무인도에는 유입된 후 지속적으로 생존하기가 어렵다. 사수도와 같이 바다새의 번식에 중요한 무인도에서는 집쥐의 출현으로 슴새의 피해가 지속적으로 나타나지만 암석형의 독도에는 유입된 집쥐가 쉽게 박멸된 것으로 조사되었다.

관리방법

집쥐를 관리하기 위해 쥐약 등의 화학약품을 사용할 경우 생태계의 다른 동물에게 영향을 줄 우려가 있으므로 포획하여 관리하는 것이 적절하다. 생태계에서 문제가 되는 집쥐의 관리는 집쥐 굴과 주요 출현지역을 중심으로 관리지역을 설정하여 관리하도록 한다.

주의사항

집쥐는 섭식에 유리한 환경이 조성되었을 경우 기하급수적으로 개체수가 증가하여 조류 등 다른 동물에 큰 피해를 주기도 한다. 또한 검역전염병으로 지정된 페스트의 매개체로 위생관리가 필요하며 식품과 집을 훼손하고 변질시키므로 경작지에서는 농산물의 변질과 오염에 주의해야 한다. 쥐는 벼룩이나 진드기처럼 인체에 해를 끼치는 질병매개체나 병원성 바이러스 등에 감염된 경우가 많고 집쥐는 궁지에 몰리면 사람도 공격하는 습성이 있으므로 직접 접촉하거나 물리는 일이 없도록 주의해야 한다. 쥐에 노출된 음식을 섭취하여 병원체에 감염되지 않도록 음식물의 노출을 주의해야 하고, 이렇게 하면 쥐의 생육을 제한하는 효과도 있다. 쥐로 인한 질병이 문제되는 지역은 예방접종을 통해 안전성을 확보하는 것도 중요하다. 쥐약을 사용하는 경우에는 사람이나 가축 또는 야생동물이 쥐약을 잘못 먹는 일이 없도록 세심하게 관리할 필요가 있다. 쥐는 위생에 관해 주의할 점이 많은 동물로 보건환경연구원 등에서도 대처에 필요한 정보를 얻을 수 있다.

Rattus rattus Linnaeus

곰쥐

Black rat, Ship rat

생물학적 특징

곰쥐는 지붕쥐, 애급쥐로도 불린다. 외형을 살펴보면 몸길이 16~20cm, 귀길이 1.9~2.4cm 꼬리길이 19~25cm, 몸무게 약 300~400g 정도이다. 귀는 접으면 눈까지 내려올 정도로 큰 편이고 털이 거의 없다. 꼬리는 암흑색으로 배면과 복면의 구별이 어렵다. 몸색깔은 흑색과 갈색이 있으며 이를 배면과 복면의 색에 따라 3가지 유형으로 나눌 수 있다. 흑색형은 배면이 광택성 흑색이며 복면은 흑회색인 것, 갈색형은 배면이 갈색이고 복면이 흰색인 것, 갈색형으로 배면이 갈색이고, 복면은 회색인 것이 있다. 배설물은 끝이 뾰족한 방추체형이고 크기는 12.5mm 정도이다.

식별 | 집쥐와 곰쥐는 서식장소의 차이에 의해 구분되지만, 형태적인 차이가 매우 유사하기 때문에 구별하기가 어렵다. 곰쥐의 두개골은 작고 머리의 모서리 부분은 안으로 구부러졌으나, 집쥐는 양 옆으로 평행하다. 집쥐에 비해서 곰쥐의 체중이 가벼운 편으로, 몸통이 날씬하고 꼬리의 길이가 머리와 몸통의 길이보다 긴 것이 집쥐와 뚜렷이 구분할 수 있는 특징이다. 집쥐는 귀가 몸에 비해서 상대적으로 큰 곰쥐와는 상반되게 작아서 앞으로 접어도 눈에 닿지 않는다.

곰쥐는 항구 도시에서 높은 밀도로 분포하며 고층, 대형 건물에서 비교적 밀도가 높고, 집쥐는 주로 가옥 내 창고, 부엌, 하수구 주변, 쓰레기처리장, 마을 주변 논둑이나 밭둑의 땅속에 굴을 파고 생활한다.

생태 | 시력은 매우 약하지만 감각이 예민하게 발달되어 있다. 잡식성으로 과일, 견과류, 콩, 야채를 주로 섭식하며, 먹이의 종류는 서식지 환경에 따라 달라질 수 있다. 일일 섭식량은 약 25g이며, 하루 30ml 정도의 물을 먹는다. 주로 야간에 활동하고 해가 진 직후부터 새벽까지 지속적으로 활동한다. 해가 진 후 30~60분과, 해 뜨기 전 30~60분에 활동이 가장 활발하며, 겨울이나 먹이가 부족한 지역에서는 주간에 활동하기도 한다. 집쥐에 비해서 몸이 가볍고 동작이 날렵하여, 날카로운 발톱을 이용하여 담 등을 잘 오르내리고 전선을 타거나 파이프를 이용하여 올라가기도 한다. 서식지는 인가 인근에서 벽과 지붕 밑을 주로 이용하고 자연 상태에서는 덩굴식물과 나무 등을 이용한다. 자신의 생활영역 안에 은신처를 두고, 먹이가 부족하지 않으면 자신의 영역을 벗어나지 않는다. 하루 활동범위는 15~50m이며, 헤엄에 능숙하다. 서식환경의 변화가 일어날 경우 수 km를 이동하기도 한다.

곰쥐는 연중번식하며 임신기간은 약 26일이다. 한배 새끼는 5~10마리 정도이며 15일 정도에 눈을 뜨고 생후 4주면 독립한다. 3~5개월이면 성성숙이 이루어진다. 쥐는 번식능력이 매우 우수하며, 단순 번식능력만을 고려하면 암수 한 쌍이 산술적으로 1년에 수만 마리, 2년이면 수억 마리의 개체로 늘어나는 것이 가능하다. 그러나 개체군의 크기는 출산, 사망, 이동에 의해 결정되며 물리적인 환경이나, 천적, 경쟁에 의해 영향을 받아 조절된다. 수명은 1~4년이다.

사체 ©양병국

유입과 확산

곰쥐는 재배 중이거나 저장된 곡물을 먹고 오염시키며, 가스관에 구멍을 뚫고 전선을 갉아먹어 자연재해를 일으키기도 한다. 또한 살모넬라, 서교열, 렙토스피라, 유행성 출혈열 등을 옮기는 것으로 알려져 있다. 이미 자연생태계에 유입되었으며 생태계 보호지역으로 유입되어 서식하는 개체수는 파악되지 않고 있다.

원산지와 유입경로 | 이집트와 리비아가 원산지인 갈색형은 지중해 연안을 거쳐 유럽, 미국 등에 진출한 뒤 세계 각지에 널리 분포하고 있으며 주로 항만도시에 많이 분포한다. 흑색형은 북방 온대 지방 원산으로 우리나라를 비롯한 세계 각지에 널리 분포하고 있으며 선박의 이동을 통하여 확산되었다. 야생종은 인도와 인도차이나반도, 중국 남부 등지에 널리 분포하며 전 세계 각지에서 흔히 관찰할 수 있다.

외국의 확산사례 | 섬 등의 고립된 지역에 유입되어 정착한 곰쥐는 섭식 범위가 넓어 조류나 파충류, 무척추동물이나 식물 등의 종 감소에 직접적으로 영향을 미친다. 실례로 그린란드, 호주,

버뮤다 등의 섬 지역에 서식하는 토착생물에 부정적인 영향을 나타냈으며, 보호조류와 포식관계를 형성하여 개체수를 급격히 감소시키거나 서식 환경을 교란하여 조류들이 섬을 떠나는 사례가 나타나고 있다.

국내 주요분포

주로 항구 지역에서 밀도가 높고 주택가 부근에서도 발견된다.

관리방법

선박을 통하여 섬에 유입된 쥐는 섬생태계의 교란을 유발한다. 그리고 자연생태계에 피해를 줄 뿐 아니라 사람들의 일상생활과도 밀접한 연관을 가진다. 전염병을 옮기거나 쥐의 증식에 적합한 환경을 제공하는 도시에서 급증하여 통신망 고장, 식당 음식물 오염, 동물원 사육동물의 사료오염 및 질병 전파 등의 피해를 입힌다. 각종 보관 창고를 오염시키기도 하고, 작물과 묘목의 뿌리를 가해하며, 가축 사료를 오염시켜 생산물에 대한 2차 피해를 가중시키기도 한다. 이 외에 어장과 어망을 망가뜨리거나 철도, 전기 등 생활 전반에 걸쳐 다양한 피해를 야기하고 있다.

쥐의 유입 및 피해 유형에 따라 적절한 대응 방법이 필요하다. 자연생태계의 경우 특정 섬 및 보호지역 등에 유입된 개체 규모가 파악되지 않고 있으므로 적절한 조사가 선행되어야 하며, 서식에 따른 문제 발생의 여지가 있는 지역을 지정하여 관리방안을 확립하는 것이 바람직하다.

주의사항

인간생활과 밀접하게 연관되어 접촉이 쉬울 수 있으므로 주의해야 한다. 쥐에 의해서 각종 질병이 옮겨지거나 진드기, 벼룩 등을 매개로 질병이 전파될 수 있다. 곰쥐에 대한 직접적인 접촉 및 곰쥐의 배설물 등을 주의해야 한다.

Myocastor coypus Molina

뉴트리아

Nutria

생물학적 특징

뉴트리아는 뉴트리아과에 속하며 일반적으로 늪너구리, 카프스, 물쥐 등으로 불린다. 쥐와 같은 모습이지만 쥐보다 아주 커서 몸길이 40~60cm에 몸무게는 5~9kg에 이른다. 꼬리는 끝이 가늘어지는 봉 모양이며 털이 별로 없고 길이는 30~45cm 정도이다. 흰색 혹은 다갈색에서 흑갈색 털이 몸을 덮고 있다. 뒷발가락 사이에 물갈퀴가 있고 앞발 발가락이 길게 발달되어 있다.

식별 | 사향쥐, 수달과 생김새가 비슷하나 사향쥐보다 크다. 사향쥐는 흑색의 긴 털이 등 쪽에 나 있고 꼬리가 편평하며 긴 털이 있는 뒷발이 물갈퀴를 대신한다. 뉴트리아는 등 쪽에 갈색 또는 흰색 털이 비교적 일정하고 뒷발에 물갈퀴가 확연히 발달되어 있다. 한편 수달은 뉴트리아보다 약간 크고 앞·뒷발 모두 물갈퀴가 잘 발달되어 있어 앞발에 물갈퀴가 없는 뉴트리아와 구별된다. 뉴트리아는 돌출된 앞니가 주황색으로 멀리서도 식별할 수 있다.

생태 | 초식성의 반수서 동물로 수초가 많은 자연형 하천변을 선호하며, 유속이 완만한 하천이나 웅덩이가 있는 습지 등에서 주로 서식한다.

뉴트리아의 피해여부는 뉴트리아의 굴로 확인이 가능하다. 굴 입구가 물 밖에 드러나 있어 굴의 출입구가 물속에 있는 사향쥐와 비교적 구분이 쉽다. 뒷발은 13cm이고 물갈퀴가 있는 발가락 4개와 물갈퀴가 없는 발가락이 하나 있어 흔적을 확인할 수 있다. 먹이 섭취장소나 물 위에 나타나는 분변은 흑록색이나 흑색이고 길이가 5cm에 지름이 1.3cm 정도인 원통형이며 발자국 사이에 꼬리가 끌린 흔적이 잘 나타난다. 나무나 과일을 둘러 판 흔적에는 이빨 자욱이 없고 나무껍질은 밑둥에서부터 벗겨져 있다. 갉은 유목의 상부는 보통 주위에 흩어져 있다.

유입과 확산

담수뿐 아니라 기수역과 해수역의 식물을 모두 먹이로 한다. 식물의 모든 부위를 섭식하지만 주로 수변에 자라는 키 큰 수초의 연한 부위 또는 뿌리를 즐겨 먹는다. 서식지 인근의 경작지에 재배된 농작물도 먹는다. 물이 잔잔하고 수초가 우거진 호소나 정체수역을 좋아하여 수초피해가 빈번히 발생한다. 낙동강 중하류 등으로 확산되어 있다.

원산지와 유입경로 | 남아메리카 원산으로 미국과 유럽에서는 사육되다가 자연생태계로 유입되어 확산되었다. 우리나라는 고기와 모피 생산을 목적으로 1985년에 도입하여 사육하기 시작하였으며 2001년에는 축산법상 가축으로 등재되었다. 뉴트리아의 사육은 늘었으나 수요 부족으로 인해 뉴트리아 사육 포기와 관리부실이 겹쳐지면서 사육지 인근의 수계로 탈출한 개체들이 정착하였다.

외국의 확산사례 | 미국과 유럽의 자연생태계에서 대규모로 확산된 후 대대적인 제거에 나섰으나 대처하기에는 부족한 실정이다. 미국의 많은 주와 유럽 대부분의 나라에 퍼져 있으며 아프리카, 남아메리카, 아시아에도 확산되어 있다. 미국에서는 굴파기 피해와 논과 가재류 양식장에 피

서식지 굴

분변

뉴트리아 꼬리

해가 나타났다. 제방에 굴을 뚫어 큰 물길이 생기면서 범람하거나, 제방, 둑의 붕괴 위험을 높이고, 스티로폼 선박의 밑바닥에 구멍을 뚫어 배가 침몰되기도 한다. 경작지에서는 곡물과 과일뿐 아니라 벼와 보리싹도 먹어치워 농업피해를 발생시킨다. 사탕수수와 벼의 피해가 특히 심각한데, 루이지애나와 텍사스 주의 논경작지 피해면적만 1,500km²에 달하기도 하였다. 나무나 과일의 둘레를 파내어 피해를 주고 잔디밭과 골프장을 파고 식물뿌리를 파먹기도 한다. 목재나 목재구조물을 갉아 생기는 피해도 발생한다. 담수나 염수에 살며 연안 일대 양식장의 부표를 갉아 가라앉히기도 한다.

뉴트리아가 크게 증식한 곳에서는 주변의 식물을 광범위하게 먹어치워 생물다양성에 커다란 피해를 일으키는데, 미국 루이지애나 주의 연안습지 파괴면적만 320km²에 이르고 있다. 이 외에도 루이지애나주에서는 파종한 삼나무 종자를 먹어치워 식생을 제거하기도 하였다. 새로 자라나오는 수초를 주로 먹어치우며 수초대를 없애고 물새를 포함하여 그와 연관되어 살아가는 생물의 서식지와 먹이를 없앤다. 주변 식생의 피해로 인해 연안이나 호안과 하안의 심각한 침식을 가져오기도 한다. 미국 동부 연안에서는 뉴트리아가 자연보호지 안의 습지를 파괴시켜 2002년부터 현재까지 루이지애나주에서는 1,300만 달러의 비용을 들여 뉴트리아 제거 사업을 해오고 있으며 여러 나라에서 뉴트리아를 침입성 외래종으로 명시하여 법적으로 관리하고 있고, IUCN의 세계 100대 악성외래종에도 포함되어 있다.

국내 주요분포

자연생태계에서 확인된 정착지는 경상남도의 낙동강 수계에 집중되어 있다. 낙동강 물길을 따라 상류와 주변 지역으로 점차 확산되는 추세를 보이고 있어 낙동강으로 유입되는 지천과 보호습지 등에 현저한 피해가 예상된다. 제주도에도 일부 사육장에서 탈출한 개체가 있으며 수초가 풍부한 곳에서는 물 표면이 얼어도 살 수 있어 일부 산지를 제외한 우리나라 전역의 여러 수계로 퍼져 나갈 가능성이 있다.

관리방법

뉴트리아는 야생동식물보호법에 의해 생태계교란야생동물로 지정되어 있다. 물 흐름을 따라 이동하므로 봉쇄 사육되는 뉴트리아도 확산의 원인이 될 수 있으며, 장애물이 없는 물속에서의 뉴트리아는 이동범위가 넓고 홍수와 범람으로 먼 거리까지 확산될 수 있기 때문에 관리에 주의가 필요하다. 경상남도의 지방자치 단체에서는 뉴트리아 개체수 조절과 퇴치에 많은 예산을 투자하고 있어 감소추세에 있지만, 퇴치 지역 인근으로 이동한 개체가 정착할 가능성이 높으므로

피해(당근 재배 하우스)

피해(섭식한 수생식물 줄기)

효율성을 높이기 위해서는, 연합하여 퇴치하는 방법을 수립할 필요가 있다.

주의사항

우리나라에서 사육 중인 뉴트리아는 아직 병원성이 알려져 있지 않으나 들쥐와 같은 설치류로 야생뉴트리아나 야생화된 뉴트리아와의 직접 접촉은 피하는 것이 좋다.

12목 21과 55종

외래식물

Rumex acetocella L.

애기수영

Sheep sorrel

생물학적 특징

여러해살이풀이며 암수딴그루로 키는 20~50cm이다. 뿌리에서 나는 잎은 뭉쳐나며 긴 잎자루가 있고 창 모양이나 잎 아래쪽이 잎자루에 거의 수직으로 갈라져 화살촉 모양으로 보인다. 줄기에서 나는 잎은 어긋나며 뿌리에서 나는 잎보다 폭이 좁은 경우가 많다. 꽃은 5~6월에 피며 늦게 자란 개체는 9월 전후까지도 꽃을 피운다.

식별 | 홍록색 꽃이 필 때는 애기수영으로 덮인 들이 붉게 보여 쉽게 식별된다. 작은 개체군도 모여 자라며 수영과 비슷하지만 수영(*R. acetosa*)은 키가 30~80cm로 더 크고, 잎 모양이 피침형으로 긴 타원형이라 화살촉 모양의 애기수영과 구별된다.

생태 | 번식력이 강해서 특히 목초지나 수원지에서는 골치 아픈 위해잡초이다. 연중 발생하며 뭉쳐나는 뿌리잎(로제트) 상태로 월동하고 봄에 새싹이 자라서 개화하는데 꽃은 단성화이며 바람에 의해 수분된다. 건조한 곳뿐 아니라 다습한 곳 그리고 비옥한 곳과 척박한 곳에서 잘 생육하고 모래땅이나 자갈밭에서도 잘 자라며 특히 개간지와 같은 땅에서 잘 생육한다. 또한 척박지역과 산성토양에서 지표식물로 알려져 있을 만큼 생존력이 강하다.

유입과 확산

목초지에 많이 발생하여 목초지 주위로도 잘 퍼져나가며 신맛 때문에 가축이 잘 먹지 않아 방목지에서는 큰 집단을 이루어 목초에 피해를 주는 경우가 많다. 도로변, 묘지, 정원이나 산지에도 침입하여 다른 초본의 생육을 방해하고 식생을 변화시킨다. 많은 종자를 만드는데 실제 생육지에서는 거의 뿌리줄기(근경)로 번식하며 뿌리줄기에 부정근아(제뿌리가 아닌 줄기 위나 잎 따위에서 생기는 뿌리)를 형성한다.

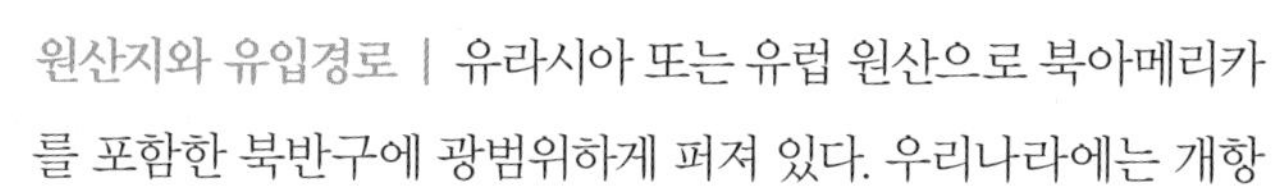

원산지와 유입경로 | 유라시아 또는 유럽 원산으로 북아메리카를 포함한 북반구에 광범위하게 퍼져 있다. 우리나라에는 개항

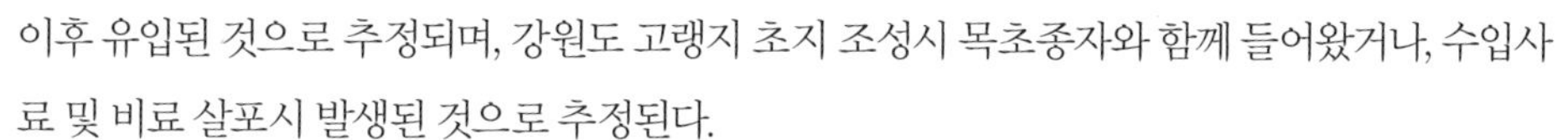

이후 유입된 것으로 추정되며, 강원도 고랭지 초지 조성시 목초종자와 함께 들어왔거나, 수입사료 및 비료 살포시 발생된 것으로 추정된다.

외국의 확산사례 | 미국 본토의 모든 주에 출현하며 유럽과 아시아 지역에 널리 분포한다. 미국에서는 위해잡초로 지정되었고 농지와 초지 및 삼림의 주요 잡초로 정착하였으며 습한 토양에서 생육이 좋아 생태적으로 중요한 습지 등에 많이 확산되었다.

국내 주요분포

국내에는 전국적으로 제주도까지 골고루 분포하고 내륙의 대형 목장에 많이 분포한다. 도로변이나 일부 국립공원과 경작지 인근에서도 산재하여 자라고 있으며 묘지, 정원과 호반에도 자라고 있다.

잎

생육지

관리방법

생태계교란야생식물로 지정되어 있으며, 목초지 등 집중발생지역에서 주변으로 퍼져 나가는 경우가 대부분이므로 확산된 애기수영을 주기적으로 제거해야 한다. 잔디밭이나 묘지 등의 조성시에는 이식용 잔디와 복토재 등에서 오는 종자나 뿌리에 애기수영이 혼입되지 않게 관리하는 것이 중요하다. 습지 등 주요 보전지역은 해당지역에서 출현을 감시하고 조기 제거하는 노력이 필요하다.

주의사항

신맛이 강하나 그로 인한 피부 자극은 없다. 꽃가루가 날리지만 키가 낮아 꽃가루의 대량 발생이 문제되지 않으며 꽃가루 알레르기도 알려져 있지 않다. 뿌리로도 증식하기 때문에 도로변이나 조경지에서 확산이 더 촉진되기 쉬워 관리에 유의할 필요가 있다.

Rumex obtusifolius L.

돌소리쟁이

Broad leaved dock

생물학적 특징

여러해살이풀로 줄기는 높이 60~120cm로 곧게 자라며 위쪽에서 가지를 친다. 잎은 어긋나고 줄기를 따라 위로 갈수록 피침형으로 작아지며 뒷면 맥 위에 사마귀 같은 돌기가 있고, 아래쪽 잎은 넓은 장타원형으로 긴 잎자루가 있다. 꽃은 6~8월에 담녹색으로 계단 모양으로 돌려나고, 열매는 암적색으로 길이 2.5mm 세모꼴이며 열매의 내화피 가장자리에 가시 모양의 톱니가 있다.

식별 | 같은 소리쟁이속 식물로 자생식물인 참소리쟁이(*R. japonicus*)와 금소리쟁이(*R. maritimus*), 외래식물인 소리쟁이(*R. crispus*)와 좀소리쟁이(*R. nipponicus*)가 있으며, 이들은 주로 열매의 형태로 구분된다.

생태 | 산기슭이나 산비탈의 물가 주변, 황무지, 냇가, 빈터, 길가, 들 등지에 생육하는데 밭과 그 밖의 농경지, 잔디밭, 목초지, 수원지 그리고 과수원 등지에 침입하여 자란다. 다습하고 비옥한 토양을 좋아하며 그늘진 곳에서도 잘 자라고 햇빛이 잘 드는 습지와 산성토양에서도 잘 자란다. 제초 등 인위적인 관리가 이루어지지 않는 곳에 많으며, 비옥한 곳, 건조한 곳을 가리지 않는다. 겨울철을 제외하고 연중 발생하며 내한성이 강하고 개화기간이 길며

개화 후 곧 종자가 성숙한다. 종자 생산량이 많고 쉽게 운반되며 흙속에서 오래 생존하고 뿌리의 재생력이 강하다.

유입과 확산

종자와 근경으로 번식하지만 주로 종자로 번식한다. 종자 발생 시기는 대부분 가을이나 간혹 봄철에 발생하는 것도 있다. 종자는 비, 바람, 물, 동물 그리고 사람에 의해 전파되며 야생조류와 소의 소화관을 거친 다음에도 살아남지만, 닭이 먹은 종자는 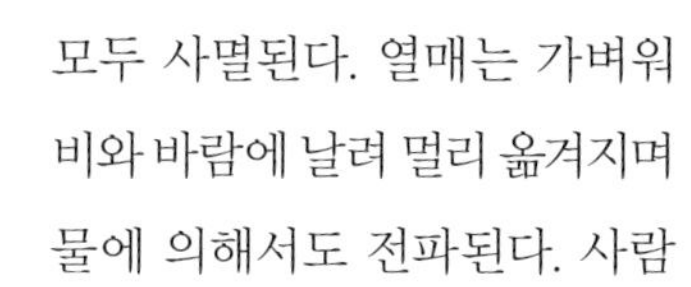모두 사멸된다. 열매는 가벼워 비와 바람에 날려 멀리 옮겨지며 물에 의해서도 전파된다. 사람의 발이나 동물의 발과 털 그리고 새의 깃털에 묻어 확산되기도 한다.

돌소리쟁이

소리쟁이

좀소리쟁이

원산지와 유입경로 | 유럽 원산으로 우리나라에는 중국을 통해 들어왔으며 중국에서는 재배되기도 한다.

외국의 확산사례 | 유럽을 비롯한 북아프리카, 북아메리카, 아시아 등지에 널리 분포하며, 미국에서는 위해잡초로 지정하여 관리하고 있다.

국내 주요분포

전국적으로 분포하며, 주로 밭, 농경지, 목초지, 수원지 등 경작지나 습지 근처 주변에서 쉽게 볼 수 있다.

관리방법

뿌리째 제거하는 것이 효과적이나 일부 절단된 뿌리가 남아 새로운 개체로 증식하는 수단이 될 수 있다. 꽃이나 열매를 맺기 이전에 줄기를 잘라 종자생산과 확산을 최소화한다.

주의사항

인체 또는 가축에 유해한 특별한 주의사항은 없으며, 경작지 등 농업상 피해를 최소화할 수 있도록 제거에 힘써야 한다.

Phytolacca americana L.

미국자리공

Poke-berry

열매

생물학적 특징

여러해살이풀로 높이는 약 1~1.5m 정도까지 자란다. 줄기는 홍색을 띠며 잎은 어긋나게 달리고 뚜렷한 주맥을 가지고 있으며 달걀 모양의 타원형 혹은 긴 타원형을 나타낸다. 꽃은 6~9월에 총상꽃차례로 달리며 붉은 빛이 도는 흰색을 나타낸다. 과수는 처지며 열매는 육질로 적자색으로 익는다. 뿌리는 비대해져서 덩어리를 형성한다.

식별 | 자리공과에 속하는 자리공(*P. esculenta*), 섬자리공(*P. insularis*)과 형태가 비슷하지만 미국자리공은 열매가 아래로 처지고 수술이 10개로 그 수에서 차이가 나므로 쉽게 구별된다. 자리공과 섬자리공의 수술은 8개이며 열매가 위로 꼿꼿이 서 있다.

생태 | 화재가 일어난 장소, 쓰레기터, 방치된 경작지, 햇볕이 잘 들어오는 숲 등 간섭이 이루어진 장소에서 잘 나타난다. 산성토양에서 약알카리성 토양까지 광범위한 분포를 보이며 염분 내성이 약하다. 성장이 빠른 식물이며 지상부의 줄기가 제거되면 뿌리에서 싹이 돋아나기도 한다. 열매는 새들이 섭식하며 이러한 과정을 통해서 개체군을 넓혀간다.

유입과 확산

원산지와 유입경로 | 북아메리카 원산으로 유럽을 포함한 세계 여러 나라에 널리 퍼져있으며 유럽에서는 침입성 외래종으로 알려져 있다. 국내에서는 약초자원을 목적으로 한 도입 또는 곡물 속에 섞여 들여와서 자연 상태로 퍼진 것으로 알려져 있다. 양지에서 반그늘까지 흔하게 관찰되며 전국적으로 분포한다.

외국의 확산사례 | 북아메리카, 일본, 유럽, 중앙아시아 등에 분포하는 것으로 알려져 있다.

꽃차례

생육지

군락

국내 주요분포

중·남부지방 및 제주도에서 확인되며 특히 울산 장생포와 같은 공장지대에서 큰 군락을 이루면서 분포하고 있다.

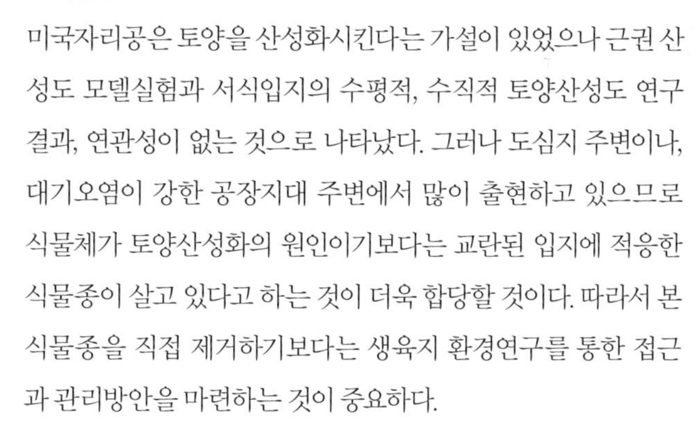

관리방법

미국자리공은 토양을 산성화시킨다는 가설이 있었으나 근권 산성도 모델실험과 서식입지의 수평적, 수직적 토양산성도 연구결과, 연관성이 없는 것으로 나타났다. 그러나 도심지 주변이나, 대기오염이 강한 공장지대 주변에서 많이 출현하고 있으므로 식물체가 토양산성화의 원인이기보다는 교란된 입지에 적응한 식물종이 살고 있다고 하는 것이 더욱 합당할 것이다. 따라서 본 식물종을 직접 제거하기보다는 생육지 환경연구를 통한 접근과 관리방안을 마련하는 것이 중요하다.

주의사항

식물의 일부 부위는 사람이나 가축이 섭취하였을 경우 독성을 나타내며 특히 뿌리와 열매의 생즙이 피부에 닿으면 수포가 생겨날 수 있으므로 주의가 필요하다. 이러한 원인들은 식물 내에 함유되어 있는 사포닌 계열의 성분 때문인 것으로 알려져 있다.

Cerastium glomeratum Thuill

유럽점나도나물

Sticky mouse ear

꽃

생물학적 특징

두해살이풀로 식물체 전체에 긴 털이 많이 덮여 있다. 줄기는 아래에서부터 많이 갈라지고 높이 10~30cm이고 대개 담녹색을 띠며 줄기 상부에는 점질의 털이 밀생한다. 잎은 마주나고 잎자루가 없으며 주걱형 또는 타원형으로 양면에 털이 많다. 꽃은 4~6월에 둥글게 뭉쳐 피며 열매일 때는 성기게 배열된다. 꽃받침과 꽃잎은 5개, 수술은 10개, 암술은 1개로 암술머리가 5열된다. 열매는 원통형으로 10개의 톱니가 있고 종자는 지름 0.5cm로 사마귀 모양의 작은 돌기가 있다. 전초를 약용으로 사용하며, 점나도나물의 어린순은 식용한다.

식별 | 자생종인 점나도나물(*C. holosteoides* var. *hallaisanense*)보다 식물체에 털이 많고, 꽃이 뭉쳐나는 특징이 있다.

생태 | 가을에 발생하여 다음해 봄부터 여름에 걸쳐 개화하며 종자로 번식한다. 밭이나 논 주변, 초지, 도심 길가나 농로, 잔디밭, 나지 등에 자라며, 따뜻하고 햇빛이 잘 드는 비옥한 땅을 좋아하는데 습기가 많은 곳에서 더 잘 자란다.

유입과 확산

유럽점나도나물은 전국의 개방된 공터에서 관찰되며, 종자로 번식한다. 종자는 비, 바람, 동물 등에 의해 전파되고 발아 또한 쉽게 이루어진다.

원산지와 유입경로 | 유럽 원산으로 정확한 유입경로는 확인된 바 없다.

외국의 확산사례 | 유럽, 아시아, 북아메리카, 열대아메리카 등지에 귀화되어 자란다.

국내 주요분포

제주도를 포함한 전국에 분포하며, 점나도나물을 밀어내고 점차 확산되는 것으로 알려져 있다.

관리방법

주로 개방된 공터에서 흔히 관찰되는데, 식물체 크기가 크지 않고 가시가 없으며 줄기가 억세지 않아 쉽게 절단되며, 땅고르기를 해줄 경우 살아남지 못하는 습성이 있어 땅을 갈아엎으면 방제가 가능하다.

주의사항

인체나 동물에게 특별한 위해성은 알려져 있지 않다.

Chenopodium ambrosioides L.

양명아주

Mexican tea

꽃차례

생물학적 특징

한해살이풀로 높이는 30~80cm이다. 줄기는 가지를 많이 치며 위쪽 부분에는 털이 있다. 잎은 어긋나고 긴 타원형으로 잎 가장자리에 거치가 있고 줄기의 위쪽으로 갈수록 잎이 선형으로 된다. 잎의 뒷면에는 선점이 있어 식물체 전체에서 강한 냄새가 난다. 꽃은 6~9월에 개화하며 원추꽃차례를 이룬다. 종자는 둥근 달걀 모양이다.

식별 | 명아주(*C. album* var. *centrorubrum*)에 비해 가지를 많이 치고, 줄기에 털이 있으며 잎의 가장자리에 큰 거치가 띄엄띄엄 있고 뒷면에 황색 선점이 산재하여 촉감이 거칠고 강한 향기가 나 쉽게 구분이 가능하다.

생태 | 습지에서 잘 자라며 주로 공터, 마을 주변, 길가, 황무지, 경작지 주변 등 개방된 환경에서 생육하고 질소 성분이 풍부한 토양에서 특히 잘 자란다. 인간의 간섭이 많은 환경에서 잘 자란다.

유입과 확산

종자로 번식하며 비, 바람, 동물에 의하여 이동되나 주로 인간의 활동에 의하여 확산된다. 개체당 종자 생산량이 많아서 확산에 용이하다. 경상도의 장승포, 마산, 진해, 밀양, 김해, 부산, 울

명아주

진 등 바닷가와 인접한 지역의 마을과 길가에서 발견되고, 남부 해안지역과 제주도에서 관찰된다. 바다를 통해 우리나라에 유입되어 최근에 토착화되어가는 종으로 알려져 있다.

원산지와 유입경로 | 남아메리카, 열대아메리카 원산으로 비교적 최근의 경제활동에 의해 유입되었으며 이웃의 중국과 일본에서는 비교적 오래 전 정착한 식물로 알려져 있다.

좀명아주

외국의 확산사례 | 주로 인간 활동으로 인해 극지방을 제외한 대부분 지역에서 서식한다. 서아프리카에서는 세네갈, 가나, 나이지리아 남부와 카메룬 서부에서 약용식물로 재배되다가 야생상태에서 자라게 되었다.

국내 주요분포

제주도를 포함하여 주로 경상도와 남부 해안의 바닷가에서 많이 분포하고 있으며 동해 삼척, 서해 군산 등 해안과 서울, 대전 등의 내륙지방에서도 확인되어 전국적으로 분포하고 있다.

흰명아주

관리방법

아직까지는 해를 주는 잡초로 판단하기에 이르지만, 강인한 생육 특성과 방대한 종자 생산량 등을 미루어 보아 주변에 널리 확산될 가능성이 있으므로 주의해야 한다.

주의사항

식물 전체를 구충제 등의 약용으로 사용하나 정유로 정제하여 복용할 경우 어지러움증, 구토 등을 유발시키는 독성을 가지고 있다.

취명아주

Amaranthus spinosus L.

가시비름

Spiny amaranth, Thorny amaranth

생물학적 특징

한해살이풀로 줄기는 40~80cm로 곧추서며 암녹색으로 털이 없고 광택이 있고 많은 가지를 친다. 잎은 난형 혹은 넓은 난형으로 줄기에 어긋나기 잎차례로 달린다. 잎자루가 시작되는 부분에 1쌍의 단단한 턱잎 모양의 가시가 있다. 꽃은 6~9월에 피며, 암수한그루이다. 이삭모양의 꽃차례는 옆으로 늘어지기도 하고 8~10월경에 개화하는데 지름이 1mm 조금 넘는 까만 씨가 대량으로 만들어진다.

식별 | 비름과에 속하는 다른 식물과 외양이 비슷하나 가시비름에는 줄기에 날카롭게 삐쳐 나온 가시가 있어 쉽게 구별된다. 가시비름은 어린 식물체도 가시가 잘 발달되어 있고 자라면서 가시가 단단해진다.

생태 | 땅속의 종자가 봄부터 가을에 걸쳐 지속적으로 발아하여 크게 자란 식물체 주변에서 무리지어 자란다. 가시비름의 제거나 가축의 섭식 과정에서 생겨난 줄기와 뿌리에서 새로운 개체가 나오기도 하는데 이러한 과정을 통해 개체군을 유지하고 넓혀간다.

유입과 확산

초기에 제거되지 않으면 가시가 강하게 돋아 가축이 기피하므로 개화와 결실이 쉬워져 많은 종자가 주변에 산포되어 작은 군락을 이루게 된다. 가축이 잘못 먹거나 밟고 부러진 줄기에서 발생한 많은 종자의 산포에 의해 식물체 주변에 밀생하는 형태로 자란다. 가축 분을 사용한 퇴비에서도 자라 나오고 가시비름 집단 생육지를 출입하는 장비나 차량 등에 의해서도 이동되지만 이러한 경우 이외에는 전파가 한정되어 있어 대량 발생한 목장을 벗어나 그 외의 지역으로 확산되는 경우는 드물다.

원산지와 유입경로 | 열대아메리카 원산으로 유럽을 포함한 세계 여러 나라에 널리 퍼져 있고 일본에서는 침입성 외래종으로 관리되고 있다. 우리나라에는 목초종자나 사료수입에 섞여 제주도에 들어온 것으로 추정된다. 제주도에 국한되어 확산되는 점에 비추어 보아도 목초지를 제외한 곳에서는 눈에 띄지 않을 정도로 원거리 확산이 제한적이다.

외국의 확산사례 | 북아메리카, 인도, 일본 등지에 분포한다.

줄기와 가시

개비름

국내 주요분포

제주도 전역에 퍼져 있는데 특정 목장 지역에 집중적으로 대량 분포한다. 가시비름 발생면적이 1km²를 넘는 지역도 있지만 목장을 벗어난 도로나 자연 상태에서는 가시비름의 출현이 드물다. 아직까지 내륙의 주요 목장에서는 나타나지 않았다.

관리방법

가시비름이 한번 발생하면 제거가 어려우므로 외부에서 목초종자나 사료를 구입하여 쓰는 방목지나 목장에서는 가시비름의 출현을 초기에 발견하여 대응할 필요가 있다.

주의사항

비름, 개비름과 가시비름의 어린 식물체는 나물로 먹기도 하나 어느 정도 자란 가시비름은 가시가 단단하고 날카로워 찔리면 상처가 나기 쉽다. 가축은 가시 때문에 이 잡초를 기피하나 먹으면 중독증상을 일으켜 죽기도 하는데 그 원인은 가시비름에 함유된 다량의 초산염 때문인 것으로 알려져 있다.

Papaver rhoeas L.

개양귀비

Corn poppy

생물학적 특징

한해살이풀로 높이는 30~80cm이다. 줄기는 곧게 자라고 가지를 치며 털이 있다. 잎은 어긋나기로 아래쪽 잎만 잎자루가 있고 길이 6~20cm이며 톱니 모양으로 털이 나 있다. 꽃은 5~9월에 피며, 홍색 또는 분홍색을 띤다. 열매는 캡슐 모양(삭과)으로 길이 1~2cm이며 털이 없고 암술머리에는 종자가 나올 수 있는 사출부가 8~15개 형성되어 있다. 종자의 표면은 그물망을 씌운 것과 같은 무늬이다.

식별 | 꽃의 지름이 5~8cm로, 3~6cm인 좀양귀비(*P. dubium*)보다 크고, 꽃의 색은 좀양귀비가 주홍색인데 비해 적색이므로 구별된다. 또한 열매의 모양도 차이가 나는데, 좀양귀비는 긴 곤봉 모양이고, 개양귀비는 짧은 깔때기 모양이다.

생태 | 주로 나지, 쓰레기터와 같이 인간에 의해 교란된 장소에서 나타나고 번식력이 강하여 최대 80만 개의 종자를 만들기도 한다. 토양에 묻힌 종자는 발아하기 좋은 환경이 올 때까지 수십 년간 휴면상태로 기다릴 수 있다. 종자는 주로 캡슐 모양의 삭과가 터지면서 자연적으로 퍼지며, 개양귀비는 자가불화합성(self-incompatibility) 즉, 같은 개체 내의 다른 꽃가루와 수정되지

않는 성질을 가진다. 꿀샘이 없지만 많은 양의 꽃가루를 생산하고 벌에 의해서 주로 수정이 이루어진다.

유입과 확산

종자로 번식하며, 주로 바람에 의해 퍼지고, 새의 섭취 및 배설을 통해서도 전파된다.

원산지와 유입경로 | 유럽 원산으로 우리나라에는 1876~1910년경에 관상용으로 도입된 것의 일부가 야외로 나가 생육하고 있다.

외국의 확산사례 | 유럽, 북아메리카, 남아메리카, 아시아 등 세계적으로 온대 지역에 주로 분포하지만 유럽에 가장 많이 나타난다. 경작지, 길가, 나지, 쓰레기터 등과 같은 장소에서 발견된다.

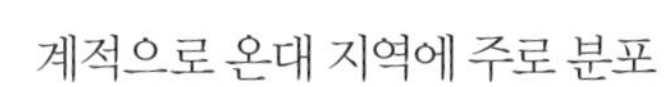

열매

좀양귀비 열매

좀양귀비 잎

국내 주요분포

꽃이 아름답기 때문에 전국의 도로변, 화단, 정원 등을 중심으로 식재되어 있다. 제주도를 포함한 남부지방 일대에서 야외에서 자라는 개체가 나타난다.

관리방법

유럽의 경우 개양귀비는 9월부터 이듬해 4월 사이에 발아하므로, 보리, 밀 등 겨울을 나는 작물을 키우는 경작지에 대규모로 번성하여 문제가 되고 있다. 제초제를 사용하지 않고 제거하는 방법은, 군락이 형성되기 전에 식물체를 물리적으로 제거하거나 개양귀비의 대규모 발아가 일어나기 전에 작물을 먼저 키우는 방법이 효율적인 것으로 알려져 있다. 국내의 경우 개양귀비의 대규모 발생이나 경작지 피해상황은 보고된 바 없다.

주의사항

Papaver 속 식물들은 알카로이드계 독성 성분을 가지고 있는 것이 특징이지만 개양귀비에는 매우 적은 양만 함유되어 있다. 종자에서 뽑아낸 성분을 말(馬)의 진정제로 사용하기도 하며, 진통제, 식료품, 감기치료제, 불면증치료제 등 광범위하게 사용되고 있다.

Lepidium virginicum L.

콩다닥냉이

Pepper grass

생물학적 특징

두해살이풀로 줄기는 곧게 서며 전체에 털이 없고 윗부분에서 가지를 많이 치며 높이 50cm 정도까지 자란다. 잎은 어긋나며 아래쪽에 나는 잎은 잎자루가 길고 빽빽이 나며 길이 3~5cm의 깃 모양 겹잎이다. 줄기에 나는 잎은 뭉툭한 바늘 모양으로 가장자리에 톱니가 있고 아랫부분이 좁아져서 줄기에 붙는다. 꽃은 5~7월에 흰색으로 피며 가지와 줄기 끝에 모여 자라고 수술은 2개, 암술은 1개이다. 열매는 원형의 각과로 3mm 정도이며 끝부분이 들어간 모양이다.

식별 | 다닥냉이(*L. apetalum*)의 잎이 가장자리에 톱니가 없고, 수술이 6개인 반면, 콩다닥냉이는 줄기에 달리는 잎이 뭉툭한 바늘 모양으로 가장자리에는 톱니가 있고 수술이 2개인 차이가 있다. 열매가 긴 타원형이며 윗부분 가장자리에 날개가 있는 큰다닥냉이(*L. sativum*)와 비교하면 다닥냉이의 열매는 원형이다.

생태 | 가을과 봄에 발생하여 뿌리에서 나오는 방사상의 잎으로 겨울을 지낸 후 봄과 여름에 걸쳐 꽃을 피운다. 주로 생육하는 장소는 논이나 밭과 같은 경작지 주변, 목초지, 수원지, 정원, 초원, 휴경지나 길가, 공터, 저수지변, 철도변과 같이 교란된 서식처에서 자란다. 햇볕이 잘 드는

양지에서 잘 자라고 건조한 땅 뿐만 아니라 다습한 땅에서도 잘 적응하는 등 토양의 종류를 가리지 않고 서식하지만 다소 건조한 곳에서 더 많이 발생한다.

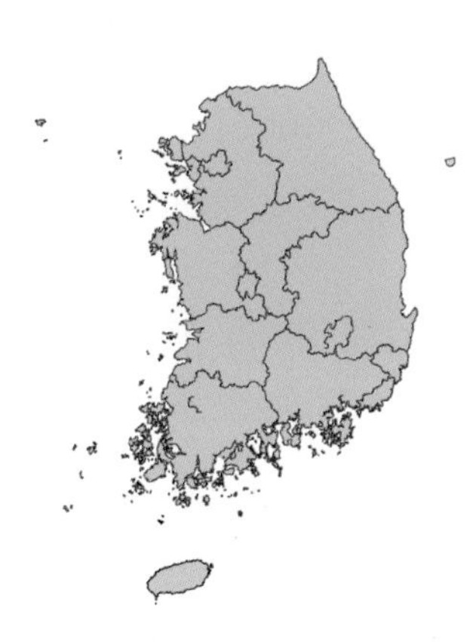

유입과 확산

주로 종자를 이용하여 번식하며 비, 바람, 동물의 이동에 의해 먼 지역까지 전파된다.

원산지와 유입경로 | 북아메리카 원산으로 국내에는 1964년 이후 비교적 최근에 유입되었을 것으로 추정된다.

외국의 확산사례 | 주로 캐나다와 알래스카, 미국 등 북아메리카에서 사람과 물자의 수송 중에 유럽에 정착한 것으로 알려져 있다.

국내 주요분포

제주도와 독도를 포함한 전국의 경작지 주변, 공원, 공터, 길가 등에서 흔하게 관찰된다.

관리방법

아직까지 국내에 피해 사례의 보고가 없는 종이지만 전국적으로 분포하고 있고 토양에 대한 적응력이 좋아 다양한 환경에서 살아갈 수 있으므로 지속적인 관찰이 필요하다.

주의사항

식물체가 가지고 있는 독성이나 인체에 대한 위해성은 알려져 있지 않으며, 여러 균류와 바이러스의 기주 역할을 하기도 한다.

Thlaspi arvense L.

말냉이

Pennycress

생물학적 특징

두해살이풀로 줄기는 높이 20~50cm이다. 잎은 어긋나며 뿌리잎은 잎자루가 있고, 줄기잎은 잎자루가 없고 줄기를 감싼다. 꽃은 흰색으로 5~8월에 길이 10~20cm의 총상꽃차례를 이룬다. 열매는 익으면 원형으로 길이 12~18mm, 폭 11~16mm로 주위에 날개가 달린다.

식별 | 흔히 보는 십자화과 식물 중 열매가 크고 둥글며, 열매 주변에 폭 3mm 정도의 날개가 있어 쉽게 구분된다.

생태 | 봄과 가을에 두 번 발생하는데 가을에 발생하는 것은 뿌리잎 형태로 월동한다. 습한 곳이나 마른 곳 그리고 다양한 기후와 토양환경에 잘 적응하여 생육한다. 따뜻하고 양지바른 기름진 땅을 좋아하며 그 중에서도 농경지를 선호하는 경향이 있고 곡물 밭에서 왕성한 생육을 보인다. 주변식물의 뿌리를 감싸며 잘 발달한 뿌리는 토양에서 수분과 양분을 흡수하는 능력도 커 종자 생산능력이 왕성해 주변 식물과의 경쟁에 유리하다. 1년 중에도 여러 번 발아하여 자라날 수 있는 짧은 생활환과 꽃이 핀 후 불과 수일 내에 발아능력을 갖춘 종자를 생산할 수 있는 능력을 갖고 있다.

유입과 확산

예전부터 농가 주변에 잡초로 발견되는 등 인류와 밀접한 관계를 갖는 식물이다. 비, 바람 또는 가축의 배설물을 통해서도 전파되며, 종자의 날개를 이용해 바람을 타고 1km 이상을 날아갈 수 있다. 또한 흙속의 종자는 9년이 지난 다음에도 대부분이 발아하는 특성을 갖고 있어 경작지 주변에 유입되지 않도록 하는 예방이 중요하다.

냉이

원산지와 유입경로 | 유럽 원산으로 정확한 유입경로는 알 수 없으나, 목초의 수입과 함께 들어온 것으로 보인다.

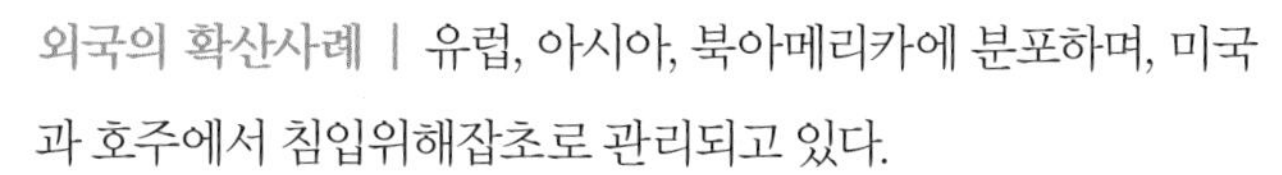
외국의 확산사례 | 유럽, 아시아, 북아메리카에 분포하며, 미국과 호주에서 침입위해잡초로 관리되고 있다.

생육지

국내 주요분포

전국의 밭이나 들에서 흔히 볼 수 있으며, 일부 개방된 나지에서는 군락을 형성하기도 한다.

관리방법

번식력이 강해 미리 유입을 차단하는 것이 중요하며, 종자의 생산량이 많고 휴면성이 강해 종자 생성 전에 식물체를 제거하는 것이 바람직하다. 뿌리잎 형태로 월동이 가능하므로 전초를 제거해야 그 지역에서 없앨 수 있다.

잎

주의사항

잎을 비벼 부수면 심한 악취가 나며, 다른 목초와 함께 사료로 사용하면 젖에서 악취가 나기도 하는 것으로 알려져 있다. 식물체 및 종자를 약용으로 사용하기도 한다.

Amorpha fruticosa L.

족제비싸리

False indigo

열매

생물학적 특징

낙엽성 작은키나무로 높이가 3m 정도까지 자라며 가지에 털이 있으나 점차 없어진다. 잎은 어긋나며 깃 모양으로 달린다. 5~6월에 자줏빛이 도는 하늘색 꽃이 피며 향이 강하다. 열매는 9월에 익고 하나의 꼬투리에 보통 1개의 종자가 들어 있다.

식별 | 족제비싸리는 줄기에 가시가 없으며 꽃이 수상꽃차례로 달리는 반면, 아까시나무(*Robinia pseudoacacia*)는 큰키나무로 줄기에 가시가 있으며 꽃이 총상꽃차례로 달리는 점에서 쉽게 구별된다.

생태 | 양지, 반음지의 빛 조건에서 잘 살아가며 빛이 도달하지 못하는 음지에서는 관찰하기 힘들다. 점토질 토양조건에서 잘 자라지만 가뭄에 대한 내성이 있어서 건조한 곳에서도 잘 살아가는 식물이다. 많은 가지와 맹아를 형성하여 거센 바람에 견디는 능력은 크나 염분에 대한 내성이 약하다.

유입과 확산

원산지와 유입경로 | 북아메리카 원산으로 방풍림 용도와 토양침식 방지 목적으로 제방, 붕괴

지 같은 장소에 많이 식재되었으며, 이들 개체들이 자연생태계로 퍼져 나간 것으로 알려져 있다.

외국의 확산사례 | 캐나다, 멕시코 및 대부분의 미국 대륙에 퍼져 있으며, 유럽, 아시아에도 분포되어 있다. 러시아와 오스트리아, 일본에서는 침입성 외래종으로 알려져 있다.

국내 주요분포

도로 및 하천 사면에 사방용으로 식재되었으며, 전국 각지의 하천변, 습지 주변, 제방, 길 주변 등에서 주로 관찰된다.

관리방법

뿌리혹박테리아와 공생하는 콩과 식물로 척박한 토양에서도 잘 살아갈 수 있으며, 성장이 빠르고 높은 밀도로 덤불을 형성하므로 일단 정착하면 다른 식물종의 다양성이 감소하게 된다. 지상부의 줄기를 제거하더라도 잘린 줄기의 밑 부분에서 쉽게 맹아를 형성할 수 있어 완전한 제거가 어려우므로 인위적인 식재를 줄이는 것이 필요하다.

주의사항

동물이나 인간에 대한 독성 연구는 거의 알려진 바 없다.

생육지

미성숙 열매

생육지

Lotus corniculatus L.

서양벌노랑이

Bird's-foot trefoil

생물학적 특징

여러해살이 콩과 식물로 꽃은 5~9월에 황색으로 피며 3~7개의 꽃이 우산형의 꽃차례를 이룬다. 꼬투리 모양의 열매는 익으면 두 면으로 갈라지며 검은색 종자가 나온다. 잎은 3개의 작은 잎으로 이루어져 있으며, 줄기는 가지를 많이 친다. 토양이 척박한 곳에서도 잘 생존하지만 모래토양에서는 자라지 못한다.

식별 | 벌노랑이(*L. corniculatus* var. *japonica*)는 해발이 높은 고산지대에서도 볼 수 있는 자생식물로 인가 주변에서 볼 수 있는 것은 대부분 서양벌노랑이이다. 서양벌노랑이는 3~7개의 꽃이 달리는 반면, 벌노랑이는 1~3개가 달리고, 서양벌노랑이의 꽃받침 조각은 통부와 길이가 같거나 짧은 반면, 벌노랑이의 꽃받침 조각은 통부보다 길므로 구분 가능하다. 들벌노랑이(*L. uliginosus* Sckuhr)는 줄기속이 비어 있고 5~15개의 많은 꽃이 달린다.

유입과 확산

원산지와 유입경로 | 유럽이 원산이며 물류의 이동 중에 비의도적으로 유입된 것으로 추측된다.

외국의 확산사례 | 인도, 이란, 호주, 북아메리카, 일본, 중국 등지에 널리 귀화하였다

국내 주요분포

생육지 유형별로는 도로변, 공터, 하천 제방에서 종종 관찰되며, 지역적으로는 목포, 인천, 여의도, 제주도 등지에서 분포하고 있는 것이 확인되었다. 토양개량 목적 또는 침식방지용으로 경사지에 심기도 하고 고속도로의 법면에도 사용한다.

주의사항

시안화물 성분이 식물체에 함유되어 있어서 가축이 섭취할 경우 중독증세를 일으킬 수 있는 것으로 알려져 있다.

들벌노랑이

벌노랑이 꽃

생육지

Medicago lupulina L.

잔개자리

Black medic

열매

생물학적 특징

한두해살이풀로 줄기에 성긴 털이 있다. 줄기는 10~60cm로 땅에 눕거나 비스듬히 위를 향해 자라고 가지를 친다. 잎은 3출엽으로 어긋나며 잎자루의 길이는 1~2cm이다. 각각의 소엽은 달걀형으로 길이 0.7~1.4cm이다. 꽃은 5~7월에 황색으로 피며 길이는 2~4mm로 10~30개의 꽃이 뭉쳐 두상꽃차례를 이루며 꽃차례의 길이는 0.6~1.5cm이다. 열매는 콩팥 모양으로 길이 2.5mm로 돌출된 그물 모양의 맥이 있으며 검은색으로 익고 1개의 종자가 들어 있다.

식별 | 비슷한 식물로 자주개자리(*M. sativa*)는 알팔파라고도 부르며 키가 크고 꽃이 홍자색으로 핀다. 잔개자리는 열매가 콩팥 모양이지만, 개자리(*M. polymorpha*)는 편구형으로 갈고리 모양의 가시가 있고, 좀개자리(*M. minima*)는 역시 갈고리 모양의 가시가 있지만 나선형으로 말린다.

생태 | 봄부터 여름에 걸쳐 개화하고, 햇빛이 잘 드는 선선한 곳을 좋아하며 더위에는 약하다. 습하고 비옥한 곳에서도 자라며 내한성도 있다. 토양의 종류에 대한 적응성은 크지만, 염분에 대한 내성은 약하다. 주로 잔디밭이나 목초지 등에 침입해 왕성하게 번져 나간다.

유입과 확산

녹비와 목초로 재배되던 것이 야생화되었으며, 종자로 번식한다. 종자는 비, 바람, 사람, 동물에 묻어 전파되며 5~12일 동안 물에 뜰 수 있어 전파에 유리하게 작용한다.

원산지와 유입경로 | 유럽 원산으로 우리나라에는 목초의 수입 시 유입된 것으로 추정된다.

외국의 확산사례 | 북아메리카, 아시아 등에 분포하며, 미국에서 침입위해잡초로 관리하고 있다.

국내 주요분포

전국에 분포하며 나지, 도로변 등에 뭉쳐 자라는 특성을 보인다.

관리방법

잔개자리는 목초 및 녹비작물로 재배하는 경우 밖으로 퍼져 나가는 것에 유의하고, 식물체가 크지 않아 뿌리째 제거하기 쉽다.

주의사항

특별한 유해성분은 알려진 바가 없으며, 전초를 약용한다.

개자리

개자리 (좌) / 좀개자리 (우)

자주개자리

개자리 꽃

Robinia pseudoacacia L.

아까시나무

Black locust

꽃차례

생물학적 특징

낙엽활엽 큰키나무로 높이는 25m 내외이다. 수피는 황갈색이며 세로로 갈라진다. 잎은 어긋나고 새의 깃 모양이며 소엽은 9~19개로 타원형 또는 달걀형이다. 5~6월에 흰색의 꽃이 피며 총상꽃차례로 달린다. 열매는 꼬투리 모양으로 9월에 익으며 5~10개의 종자가 들어 있다.

식별 | 흰색의 총상꽃차례가 달리며, 어린 가지에 턱잎이 변한 가시가 있으므로 다른 목본성 식물들과 쉽게 구별된다.

생태 | 도시 인근의 산지, 무덤 주변, 하천변에서 주로 관찰되며 토양의 배수가 양호하고 척박한 토양환경에서 잘 자라며 가뭄과 대기오염에 대한 내성이 강한 식물이다. 빨리 자라며 6년 된 어린 개체부터 종자를 형성하는 것으로 알려져 있다. 빛을 좋아하는 식물로서 음지환경이 지속되면 생존하기 어렵다. 종자로도 번식하지만 주로 뿌리로 번식하는 특성을 가지고 있다.

유입과 확산

원산지와 유입경로 | 북아메리카 원산으로 세계 각지에 널리 분포한다. 우리나라에는 밀원 및 조림 목적으로 들여와 자연으로 확산된 식물로 알려져 있다.

외국의 확산사례 | 목재 및 밀원식물로 사용하기 위하여 원산지를 비롯한 캐나다, 유럽, 아시아 등지에서 널리 심어 왔다. 일본, 라트비아, 벨기에, 폴란드 등지에서는 침입성 외래종으로 알려져 있다. 특히 일본에서는 초지에 자라는 바랭이(barnyard grass)와 토끼풀 등에 타감작용을 나타낸다는 연구결과도 보고되어 있다.

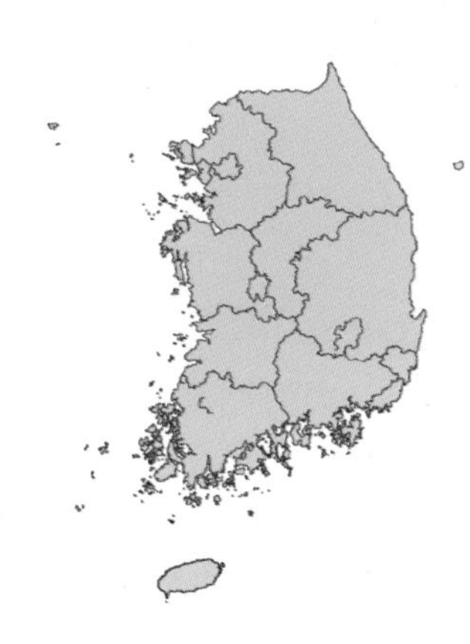

국내 주요분포

전국적으로 분포하며 주로 도시 주변, 농촌의 야산에 집중적으로 분포한다.

관리방법

종자 이외에 뿌리로도 번식을 하며 잎에서는 타닌 성분과 여러 종류의 화학적 성분들이 많이 함유되어 있어서 생육지에서 다른 식물이 성장하는 것을 억제한다. 이러한 특징들 때문에 아까시나무가 자라는 장소는 다른 나무가 잘 자라지 못하고 단일 우점하는 경우가 대부분이며 완전히 제거하기 어렵다. 가급적 인위적인 식재를 하지 않는 것이 중요하다.

주의사항

사람에게 독성이 있는 것으로 알려져 있지는 않으나 가시가 많이 있으므로 식물체 주변에 접촉하면 피부에 상해를 줄 수 있다.

Trifolium repens L.

토끼풀

White clover

생육지

생물학적 특징

여러해살이풀로 식물체 전체에 털이 없다. 줄기는 땅 표면을 기며, 가지를 치고 마디에서 뿌리가 생긴다. 잎은 어긋나며 약 6~20cm의 긴 잎자루가 있으며 꽃은 5~10월에 백색 또는 담홍색으로 핀다.

식별 | 붉은토끼풀(*T. pratense*)과 달리 땅 위에 곧게 서는 줄기가 없고 꽃자루는 땅 위를 기는줄기에서 바로 나온다. 꽃은 붉은토끼풀에 비하여 크기가 작으며 대부분 흰색을 띠므로 쉽게 구별 가능하다.

생태 | 봄부터 가을에 걸쳐 개화한다. 밭, 농경지 주변, 하천의 둔치, 개활지, 잔디밭, 길가, 물가 등에서 생육하며 햇빛이 잘 들고 수분이 많은 식양토에서 생육한다. 내한성이 강하고 토양의 종류를 가리지 않지만 염분에 대해서는 비교적 내성이 약하다.

유입과 확산

종자와 기는줄기로 번식하는데 기는줄기에 의한 번식이 두드러지고 뿌리가 넓게 분포한다. 종자의 전파는 비, 바람, 동물, 사람 그리고 식물 자체 등에 의해 이루어지며, 가축이 먹어도 종자는 살아 있어 전파가 가능하다. 개항 이후 일본을 통해서 들어온 것으로 추정되며, 원래는 가축의 사료나 녹비용으로 재배하던 것이 메마른 땅이나 건조에 잘 견디는 힘이 있어 야생에서 잡초화한 것이다.

원산지와 유입경로 | 유럽과 북아프리카 원산으로 세계 각지에 분포한다. 개항 이후 우리나라에 귀화하였고 목초로 사용하기도 했지만 지금은 전국적으로 야생화 되어 있다.

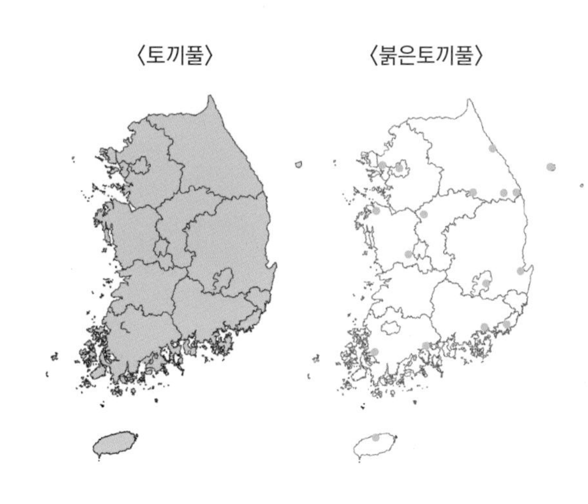

외국의 확산사례 | 유럽과 북아메리카에 분포하며 세계의 아열대에서 온대에 걸쳐 넓게 귀화되었다. 소나 양이 잘 먹는 우수한 목초로 전 세계에서 널리 재배하고 있다.

붉은토끼풀

붉은토끼풀의 뿌리혹박테리아

국내 주요분포

전국적으로 분포하며, 잔디밭이나 하천 둔치 등 햇볕이 잘 드는 개활지에 자란다.

관리방법

자연 농법에서는 질소를 공급하기 위해 토끼풀을 논에 파종한 다음 무성하게 자라면 갈아엎고 물을 대어 이를 썩힘으로써 매우 효율적으로 이용해 왔다. 그러나 잔디의 생육에는 좋지 않다. 잔디는 햇빛을 잘 받아야 자라는 양지식물인데 그 속에 토끼풀이 돋아 자라면 잔디에 그늘을 지어 성장을 방해하거나 죽게 하기 때문이다. 이러한 이유로 잔디밭에 돋아난 토끼풀을 제거하지 않고 방치하게 되면 토끼풀이 잔디밭에 우점하는 경우가 발생한다.

주의사항

토끼풀에는 시안화합물이 함유되어 있어 가축이 다량 섭식할 경우 유해하지만, 이 화합물의 함유량은 재배품종이나 생태형에 따라 크게 다르다.

Vicia villosa Roth

벳지

Hairy vetch

각시갈퀴나물의 덩굴손

생물학적 특징

콩과 식물이며 덩굴성 두해살이풀로 식물체 전체에 털이 무성하게 난다. 꽃은 5~6월에 피며 보라색이나 진분홍색을 띤다. 잎은 6~10쌍의 소엽으로 구성된 깃 모양 겹잎이며 끝이 덩굴손으로 변하여 다른 물체를 휘감을 수 있다. 열매는 꼬투리 모양이며 2~8개의 흑색 또는 갈색 반점을 띤 둥근 형태의 종자가 들어있다.

식별 | 각시갈퀴나물(*V. dasycarpa*)에 비하여 전체에 털이 많이 나 있으므로 쉽게 구분가능하다.

생태 | 생장이 빠른 식물로 그늘에서는 생존하기 어려우며 토양이 건조하지 않은 장소를 선호한다. 사료로 재배되는 나비나물속 식물 중에서는 가장 내한성이 강하여 겨울에도 지상부가 살아 있는 것을 볼 수 있다. 목초지, 하천변, 제방, 도로변, 경작지 주변, 버려진 터 등에서 흔하게 관찰된다. 꽃이 피면 많은 곤충류가 모여드는 밀원식물이다.

유입과 확산

원산지와 유입경로 | 유럽과 서아시아가 원산지로 알려져 있다. 국내의 경우 녹비로 사용되던 개체들이 자연생태계에서 전국적으로 확산된 것으로 보인다.

외국의 확산사례 | 유럽, 아시아, 북아프리카, 북아메리카 등지에 확산되어 있다. 미국은 유럽으로부터 가축사료용으로 유입되었으며, 흔히 녹비로 사용된다. 일부 경작지에서는 덩굴성인 벳지의 특성을 이용하여 경작지 토양을 덮어서 끊임없이 질소를 공급하고 수분을 유지시키며 다른 잡초의 생육을 저해하는 기능으로 활용하기도 한다.

국내 주요분포

중·남부지방에 주로 분포하며 특히 낙동강 하류와 금호 강변에 많이 분포한다.

주의사항

덩굴성 식물로 한 생육지에 종자가 발아하여 환경이 좋으면 그 일대를 넓은 면적과 높은 피도로 덮어버리므로 자생식물의 발아 및 생육을 저해할 수 있다. 또한 작물에 질병을 유발시키는 병원체를 가지고 있는 경우도 있으므로 녹비용으로 활용시 주의를 요한다.

꽃

각시갈퀴나물 꽃

생육지

Oxalis articulata Savigny

덩이괭이밥

Wood sorrel

생물학적 특징

여러해살이풀로 잎은 3장의 소엽이 뿌리 부분에서 모여난다. 소엽은 길이 1.7~3.5cm, 폭 2~4.5cm 정도의 거꾸로 된 심장형으로 끝이 움푹 들어간 모양이다. 잎 뒷면은 황적색의 작은 점들이 흩어져 있고 잎자루는 길이 15~25cm로 꽃자루보다 짧다. 꽃은 지름 1.5cm 정도로 담적색의 꽃이 5~10월에 피며 3~25개의 꽃이 우산을 펼친 모양으로 달리는데 꽃자루는 길이 35cm이고 꽃밥은 황색이다.

식별 | 덩이괭이밥은 꽃밥이 흰색인 자주괭이밥(*O. corymbosa*)과 달리 황색이고 땅속에 덩이줄기가 존재하며, 꽃차례에 달리는 꽃이 자주괭이밥에 비해 많은 편이다.

생태 | 뿌리에 있는 덩이줄기로도 번식을 하며 주로 모래질땅, 공터, 해안가, 도로변, 버려진 땅의 구석진 곳 등에 많이 생육한다. 열대 또는 아열대성으로 추위에 약하고 빛에 민감하기 때문에 볕이 잘 드는 양지에 주로 자라며 물기가 있으며 질소성분이 있는 토양에서 잘 자란다.

꽃(흰색)

뿌리

생육지

군락

유입과 확산

곤충을 이용하여 꽃가루받이하고 종자뿐 아니라 지하부 생식기관인 덩이뿌리로도 번식이 가능하여 토양의 이동에 따라 다른 지역으로 확산될 수 있다.

원산지와 유입경로 | 남아메리카의 칠레, 아르헨티나 등이 원산지이다. 국내에는 1993년 원예용으로 도입된 것이 자연 상태로 퍼져 나갔다.

외국의 확산사례 | 유럽의 아일랜드에서 원예용으로 도입된 이후 더블린, 워터포드 등 전국적으로 확산된 사례가 있으며 일본의 경우에도 원예용으로 도입되었던 것이 자연 상태로 나와서 확산되었다.

국내 주요분포

제주도를 포함한 남부 지역에 많이 분포하고 있으며 현재는 서울, 경기 지역뿐 아니라 울릉도를 포함하여 전국적으로 분포하고 있다.

관리방법

덩이뿌리로도 번식이 가능한 생식 특성을 미루어 보아 생육지역의 토양 이동으로도 쉽게 확산이 가능하므로 잔디밭이나 공원 등을 조성할 때 이식용 잔디와 토양을 통해 종자나 뿌리가 섞여 들어오지 않게 하는 것이 중요하다.

주의사항

원예용으로 사용되는 식물로 인체에 대한 독성이나 위해성은 알려진 내용이 없다.

Euphorbia supina Rafin ex Boiss.

애기땅빈대

Milk purslane

잎

생물학적 특징

한해살이풀로 줄기는 갈라져 땅을 따라 퍼지며 길이는 10~25cm이다. 줄기는 붉은색을 띠며 잎과 줄기에 털이 있다. 잎은 긴 타원형으로 마주나고 길이 5~10mm, 너비 2~4mm이며, 양끝이 둥글고 가장자리에 잔 톱니가 있으며 중앙 부분에 붉은 빛을 띠는 갈색의 반점이 있다. 꽃은 6~7월에 피며 잎겨드랑이에 술잔 모양으로 달린다. 술잔처럼 생긴 꽃차례를 둘러싼 작은 조각 속에 1개의 수술로 된 수꽃과 1개의 암술로 된 암꽃이 들어 있다. 열매는 캡슐 모양으로 3개의 둔한 능선이 있고 겉에 털이 있으며 화서 밖으로 나와 길게 처진다.

식별 | 큰땅빈대(*E. maculata*)는 줄기가 곧게 서고 열매에 털이 없는데 비해, 애기땅빈대는 줄기가 땅을 기고 열매에 털이 뒤덮여 있다. 땅빈대(*E. humifusa*)는 열매에 털이 없고, 누운땅빈대(*E. prostrata*)는 열매의 모서리에 털이 길게 자란다.

생태 | 봄부터 여름에 걸쳐 발생하며 봄, 여름에 꽃이 피고, 한 해에 발생과 개화를 두 번하기도 한다. 햇볕이 잘 드는 비옥한 곳에서 잘 생육하며 산성토양에서도 잘 자란다. 주로 들이나 밭, 공터, 화단 등에서 흔하게 잘 나타난다.

유입과 확산

종자로 번식하며 비, 바람, 동물, 인간의 활동 등에 의해 전국으로 전파된다.

원산지와 유입경로 | 북아메리카 원산으로 국내에는 개항 이전에 유입되었다.

외국의 확산사례 | 호주의 경우는 미국으로부터 수입한 옥수수에 애기땅빈대의 종자가 섞여 들어와 목장 주변에 발생하였으며 공터, 도로변을 따라 전국으로 확산되었다.

국내 주요분포

제주도를 포함한 전국의 공원, 들, 밭, 화단 등에 고르게 분포하고 있다.

관리방법

한번 정착한 지역에서는 제거가 어렵다. 주로 운송 수단의 타이어 등에 묻어 도로를 따라 확산되거나 농업을 위한 관개수로의 물을 따라 이동하여 토양에 정착하거나, 식물체의 잔해에 섞여 이동되므로 관리가 어렵다.

주의사항

아직까지 동물 또는 인체에 미치는 위해성은 알려지지 않았다.

잎과 꽃

큰땅빈대 꽃

Ailanthus altissima (Mill.) Swingle

가죽나무

Tree of heaven

열매

생물학적 특징

암그루, 수그루가 따로 자라는 낙엽활엽 큰키나무로 수명은 100년 정도로 비교적 짧은 속성수이다. 유성생식(종자)과 무성생식(뿌리)으로 번식이 가능한 식물이며 종자에서 싹이 튼 후 3~5년이 지나면 꽃을 피울 수 있고, 성숙한 암그루에서는 매년 30만 개 이상의 많은 종자를 생산할 수 있다. 종자는 바람에 의해 이동되기 쉬운 날개구조를 가지고 있으며 주로 바람과 물의 흐름에 의해 산포된다.

식별 | 참죽나무(*Cedrela sinensis*)와 달리 잎의 뒷면에 선점이 있으며, 열매의 형태가 바람에 잘 날리는 구조(시과)이고 수피는 회갈색으로 잘 갈라지지 않는 점에서 쉽게 구분가능하다.

생태 | 건조하고 암석이 많은 척박한 토양에서부터 비옥한 곳까지 넓게 나타나고, 도시나 도로변과 같이 사람에 의해서 토양이 집약적으로 이용되는 곳에서 많이 나타난다.

유입과 확산

바람에 쉽게 날리는 구조를 가진 많은 수의 종자에 의한 확산과, 맹아 형성에 의한 영양번식으로 유입된 자리를 중심으로 하여 퍼져 나간다. 수관폭의 최대 7.5배까지 종자에 의한 확산이 이루어지며 도시의 열악한 환경에서 급격하게 증가하고 있는 식물로 보고되고 있다.

원산지와 유입경로 | 중국이 분포중심지로 알려져 있다. 국내에는 식재용으로 들여오거나 물류 수송과정에서 이입되어 확산된 것으로 여겨진다.

외국의 확산사례 | 미국, 유럽, 아시아 등 전 세계적으로 귀화 확산되어 있으며 사계절이 뚜렷한 온대지방과 남부유럽에서 가장 많이 나타난다.

국내 주요분포

강원도, 서울, 경기도, 경상도, 전라도, 충청도 등 전국적으로 분포하고 있다. 도로변, 임연, 하천변, 나지 등에 분포하고 있으며 특히 전국의 도로변을 따라 넓은 면적으로 분포한다.

주의사항

가죽나무는 과수에 직접적인 피해를 주는 꽃매미의 주요 기주식물 중 하나이며, 식물체에서는 다른 식물의 발아, 생장을 저해하는 물질을 만들어내기 때문에 생태계의 교란을 일으키기 쉽다.

참죽나무 열매

생육지

Sida rhombifolia L.

나도공단풀

Queensland hemp

생물학적 특징

줄기가 나무와 비슷한 목질성 여러해살이풀로 전체에 별 모양 털이 있고, 줄기는 높이 30~70cm이다. 잎은 어긋나고 길이 2.5~3.5cm로 표면은 거의 털이 없고 뒷면은 별 모양 털이 빽빽이 나며 회백색으로 보인다. 턱잎은 송곳 모양이고 길이 2~4mm이다. 8~10월에 잎겨드랑이에서 지름 1.5cm의 황색 꽃이 1개씩 핀다. 열매는 5개의 분과로 나누어진다.

식별 | 공단풀(*S. spinosa*)은 한해살이풀로 나도공단풀의 잎이 다이아몬드 형태인데 비해, 장타원형이며, 잎자루 아래쪽 근처에 끝이 뭉툭한 가시 모양의 작은 괴경이 있고, 잎자루가 나도공단풀보다 더 길다.

생태 | 아래쪽의 잎을 제외한 식물체의 잎이 밤에는 줄기의 가지 쪽으로 접혔다가 새벽에 다시 펴지며 낮에는 해를 향해 움직여 해와 직각을 이룬다.

유입과 확산

종자로만 번식하며 비, 바람, 동물과 사람에 의해 종자전파가 이루어진다. 열매에는 정교한 갈고리 모양의 까락이 있어 동물의 털이나 깃털, 사람의 옷이나 양말 등에 부착되기 쉽다. 종자는 물에 뜰 수 있어 물에 의해서도 확산이 가능하며 흙에 떨어진 종자는 가축의 발굽, 사람의 신발, 농기구의 바퀴 등에 묻어 전파되기도 한다.

원산지와 유입경로 | 열대아메리카 원산이다.

외국의 확산사례 | 호주를 포함한 전 세계의 열대지방과 일본에 분포한다. 잎은 녹색의 채소로 사람이 먹기도 하며 차(茶)로도 활용되고 뿌리에 알칼로이드가 들어 있어 설사 치료제로도 사용된다는 기록이 있다.

국내 주요분포

제주도의 개활지를 중심으로 사람의 출입이 잦은 이동로 주변에 분포한다.

주의사항

갈고리진 까락이 있는 종자를 가축이 삼키는 경우, 폐사하는 경우가 있으니 목초지에 나도공단풀군락이 있는 경우 제거하도록 한다.

공단풀

생육지

덩굴

생물학적 특징

한해살이 덩굴식물로 줄기는 4~8m에 이르며, 3~4개로 갈라진 덩굴손을 사방으로 뻗어 자라며 주변 식생 위를 덮어 나간다. 줄기에는 연한 털이 빽빽이 난다. 잎은 어긋나고 5각 또는 5갈래로 갈라지며 가시 같은 잔털이 있다. 가시박이 덮은 곳은 덩굴손과 잎이 산발한 머리처럼 위로 뻗어 오른 모습을 보인다. 6~9월에 한 개체에서 황백색의 암꽃과 수꽃이 각각 피고, 열매는 3~10개가 뭉쳐서 달리며 장타원형이고 가는 가시가 돋는다.

식별 | 가시박의 열매는 길이 2cm 정도의 장타원형 종자가 10개 전후 붙어 열매덩어리를 형성하고 표면에는 길이 1cm 정도의 가는 가시가 덮고 있어 우리나라의 다른 박과 식물과 쉽게 구별된다.

생태 | 봄에 싹이 터서 여름에서 가을에 걸쳐 개화하는데, 서리가 내리기 전까지 연중 발아와 개화를 계속한다. 모여 자라는 습성이 있으며, 강둑 하천부지, 철로변, 황무지, 숲가 등지에서 많이 자라는데 밭과 밭 주변에서도 생육한다. 10월경 서리가 내리면 잎과 줄기가 녹아내려 이듬해 봄에 다른 식물의 생육을 방해하고 땅에 떨어진 많은 열매에서 싹이 돋아나온다. 가시박이 자란 주변에 다량으로 존재하는 열매는 많은 양의 비가 오면 강물을

따라 멀리 이동하여 강변에 정착하였다가 물이 빠진 이듬해 집단으로 발생한다.

유입과 확산

종자로 번식하며, 물, 동물 그리고 사람 등에 의해 전파된다. 경작지나 목초지 등에 침입하면 급격히 번져나가므로 관리가 필요한 지역에서는 개화기인 여름 이전에 뽑아내는 것이 중요하다. 수변생태계, 습지나 초지와 숲 주변 등을 덮어 그곳의 식생을 파괴하고 있어 문제가 되고 있다. 3~4일의 침수로 사멸하나 흙속의 종자는 살아남아 홍수와 범람 이후에 더욱 광범위한 확산 경향을 보인다.

원산지와 유입경로 | 북아메리카 원산으로 유럽과 남아메리카, 아프리카, 아시아, 오세아니아에 널리 분포한다. 우리나라에는 안동에서 1980년대 후반 오이 등의 재배를 위한 대목으로 사용하였고 이후 춘천 일대를 거쳐 전국에 퍼진 것으로 알려져 있다.

외국의 확산사례 | 유럽과 남아메리카 등에서 크게 확산되었다. 일본에서는 가시박을 위해성이 높은 특정외래생물로 지정하여 관리하고 있다.

국내 주요분포

2000년대 중반 이후 전국에 걸쳐 여러 지역에 분포하며 급속하게 확산되고 있다. 한강에는 춘천과 원주 및 팔당과 서울의 한강공원 주변에서 커다란 가시박 군락을 이루고 있다. 서울 한강

생육지

꽃
열매

밤섬과 여의도 및 강서습지와 한강공원 잠원지구와 올림픽공원에도 커다란 군락이 형성되어 있다. 낙동강은 안동을 중심으로 낙동강 본류를 따라 하류 쪽으로 퍼지고 있으며 금강 주변도 상당히 넓은 지역에 분포하고 있다. 영산강과 섬진강에도 군데군데 출현하고 확산 경향을 나타내고 있다.

관리방법

일차적으로 강을 따라 가시박이 확산되고 있어 강변은 가시박 관리의 중요 지점이다. 생태적으로 중요한 가치가 있는 습지생태계와 여기에 연결된 자연생태계에서는 가시박의 주기적인 제거가 이루어져야 한다. 특히 강우 유출수가 집중적으로 유입되는 강변이나 강은 대부분 가시박 원거리 확산의 중심점으로 작용하기 때문에 자주 제거해야 한다.

주의사항

가시박의 독성은 알려져 있지 않으나 사람의 출입이 빈번한 강변 등에 밀생하고 열매에 촘촘히 가시가 붙어 있어 접촉하면 피부에 상처를 입을 수 있다.

생육지(습지)

생육지(도로변)

고사체(가시박)

수목을 덮은 가시박

Oenothera biennis L.

달맞이꽃

Evening primrose

열매

생물학적 특징

두해살이풀이며 종자로 번식한다. 원줄기는 높이 3~200cm 정도이고 곧게 자라며 긴 털이 성기게 덮인다. 뿌리에서 나오는 잎은 땅바닥에 방석처럼 딱 붙어 펼쳐지고, 줄기에 달리는 잎은 서로 어긋나게 달린다. 잎몸은 선 모양 피침형으로 잎자루가 없고 가장자리에 얕은 톱니가 있다. 6~9월에 윗부분의 잎겨드랑이에 1개씩 달리는 황색의 꽃이 핀다. 열매는 긴 타원형으로 끝이 좁아지고 털이 있다. 4개로 갈라져서 많은 종자가 나온다.

식별 | 달맞이꽃이 암술과 수술의 길이가 같은데 비해, 큰달맞이꽃(*O. erythrosepala*)은 암술의 길이가 수술의 길이보다 길고, 열매의 기부에 붉은 점이 있다. 긴잎달맞이꽃(*O. stricta*)의 줄기에 나는 피침형의 잎은 아랫부분이 줄기를 반쯤 감싸고 달맞이꽃에서는 장타원형의 잎 기부가 줄기를 감싸지 않고 잎자루로 된다. 애기달맞이꽃은 꽃의 지름이 2cm 정도로 줄기가 땅위를 기는 형태이다.

생태 | 길가나 빈터, 모래땅처럼 배수가 좋거나 빈 영양 상태의 토양에서 잘 자란다. 가뭄에 대한 내성이 있고 그늘에서는 자랄 수 없다. 노란색 꽃은 저녁에 개화하고 오전에 닫히는데, 가을

무렵이면 낮에도 종종 피어 있다.

유입과 확산

종자로 번식하며 비, 바람, 동물, 인간의 활동 등에 의해 전국으로 전파된다.

원산지와 유입경로 | 북아메리카가 원산이며, 우리나라에는 개항 이후 들어와 거의 전국에서 흔히 볼 수 있다.

외국의 확산사례 | 북아메리카 동부, 영국 등지에 널리 퍼져 있으며, 식용, 약용, 공업용(화장품)에 다양하게 활용하고 있다.

국내 주요분포

전국적으로 분포하며 사구, 길가, 철로변이나 들에서 자란다.

관리방법

성숙한 종자는 대개 감마-리놀렌산을 함유하고 있어서 식용 혹은 약제로 사용하기도 한다. 적절하게 관리되지 않으면, 일부 지역에서는 잡초화하거나 다른 식물과 경합하여 생육지를 우점하는 침입성을 나타낼 가능성이 있다.

주의사항

달맞이꽃의 유해성에 대해서는 잘 알려져 있지 않다.

꽃

애기달맞이꽃

큰달맞이꽃

Cuscuta pentagona L.

미국실새삼

Field dodder

꽃과 줄기

생물학적 특징

한해살이풀로 다른 식물에 기생하는 덩굴성 식물이다. 숙주식물을 가리지 않고 거의 모든 초본에 기생한다. 줄기는 담황색으로 지름이 1mm 내외인 선형이며 돌기와 같은 흡반을 가지고 있어 다른 식물에 부착한다. 잎은 없으며 꽃은 지름이 약 3mm 정도로 여름에 덩어리를 이루어 핀다. 꽃잎은 끝이 5갈래로 갈라지고 열편은 흰색으로 삼각형 모양이다. 암술 1개, 수술은 5개로 이루어져 있다.

식별 | 꽃잎 통부 안쪽의 인편 부속체가 실새삼(*C. asutralis*)에 비해 크고, 가장자리가 술처럼 발달되고 암술의 암술머리가 구형인 점이 다르다.

생태 | 봄에 발아하여 약 10cm 정도 성장하면 기생하는 식물을 왼쪽으로 감아서 흡반으로 양분을 흡수하기 시작한다. 발아 후에 주변에 기생할 식물이 없으면 자가 생장을 하지 못하고 보름 정도 후에 말라 죽는다. 토양의 종류를 가리지 않고 발생하지만 다소 건조한 토양에서 잘 발생하며 여름에 꽃을 피운다. 주로 기생하는 잡초로는 환삼덩굴, 쑥, 개여뀌, 강아지풀 등으로 새삼, 실새삼, 갯실새삼 등 새삼류 식물 중 가장 폭넓은 숙주를 가지고 있다. 종자는 휴면성을 가지고 있고 겨울에 장기간 낮은 온도에 노출되어도

죽지 않으며 빛은 종자의 발아를 촉진한다.

유입과 확산

종자로 번식하고 비, 바람, 동물, 인간의 활동 등에 의해 확산된다. 미국실새삼은 토양 이동과 인간의 간섭이 잘 일어나는 경작지변에서 많이 자라고 있다.

원산지와 유입경로 | 북아메리카 원산으로 일본에도 귀화되었다.

국내 주요분포

전국의 경작지변, 도로변, 하천변 등 거의 모든 지역에 분포하며 특히 경작지 주변에서 많이 발견된다.

관리방법

미국실새삼은 숙주식물에서 영양분을 흡수하는 능력이 크고 번식력이 왕성하여 식물을 가리지 않고 기생하므로 식물에 피해를 줄 수 있다. 주요 생육지역이 경작지 인근이므로 작물이 자라는 곳에 침입하여 해를 입히게 되면 경제적인 손실을 발생시킬 수 있다. 그러므로 외부 토양 유입에 의한 확산을 방지하기 위해 주의가 필요하며, 침입시에는 토양과 다른 생물에게 영향을 줄 수 있는 제초제와 같은 화학적인 방법보다는 미국실새삼을 손으로 걷어내는 방법으로 관리하는 것이 바람직하다.

주의사항

숙주식물에서 양분을 흡수하는 능력이 크고 번식력이 왕성하여 작물의 잡초피해가 심각할 수 있으며, 감자의 경우 기생한지 10일이면 고사시킬 수 있을 만큼 피해가 크므로 특히 작물밭에 들어가지 않도록 주의할 필요가 있다.

미국실새삼에 감긴 왕바랭이

생육지(도로변)

생육지(경작지변)

Ipomoea purpurea Roth

둥근잎나팔꽃

Morning glory

생물학적 특징

한해살이 덩굴식물로 줄기는 1~3m 정도로 뻗어 나가서 다른 물체를 감아 오르며 아래로 향하는 털이 있다. 잎은 어긋나게 달리며, 잎자루는 길이 8~12cm 정도이다. 잎몸은 길이 7~8cm, 너비 6~7cm 정도의 넓은 달걀 모양이고, 잎의 아랫부분은 깊은 심장 모양이며 끝은 뾰족하고 가장자리에 톱니가 없다. 꽃은 청색, 자주색, 담홍색으로 지름이 5~8cm 정도이며 7~10월에 꽃이 피며 잎겨드랑이에서 생기는 꽃자루는 길이 10~13cm 정도로 1~5개의 꽃이 달린다. 열매는 둥근 캡슐 모양이고 3실이며, 각 실에 종자가 2개가 있다. 열매의 지름은 1cm 정도이다.

식별 | *Ipomoea*속 식물은 꽃 색과 형태가 아름다워 예로부터 사람들에 의해 많이 식재되어 온 식물이다. 육안으로 보기에 서로 비슷한 식물은 미국나팔꽃(*I. hederacea*), 애기나팔꽃(*I. lacunosa*), 별나팔꽃(*I. triloba*) 등이 있다. 그 중에서도 형태적으로 가장 비슷한 미국나팔꽃과 구별법은 둥근잎나팔꽃의 잎이 갈라지지 않고 둥근 형태를 나타내며 결각이 없고 꽃받침이 긴 타원형인 점으로 구별이 가능하다.

생태 | 경작지 주변, 휴경작지, 도로변, 쓰레기터 등 인간의 간섭이 이루어지는 지역에서 흔히

발견되는 식물이다. 냉해에 취약하여 겨울철 한파가 밀려오면 시들고, 배수가 잘 되는 토양에서 특히 잘 자라지만 다양한 토양 조건에서도 적응하여 생존할 수 있다. 종자로 번식하고 주로 바람과 비, 중력을 이용한 산포를 하며 동물이나 인간에 의해서도 확산될 수 있다. 음지에 대한 내성이 없으므로 그늘에서는 생육이 어렵다.

꽃

유입과 확산

원산지와 유입경로 | 열대아메리카가 원산으로 종자 유입경로는 원예 목적으로 들여왔거나 곡류에 섞여 들어온 것으로 추정된다.

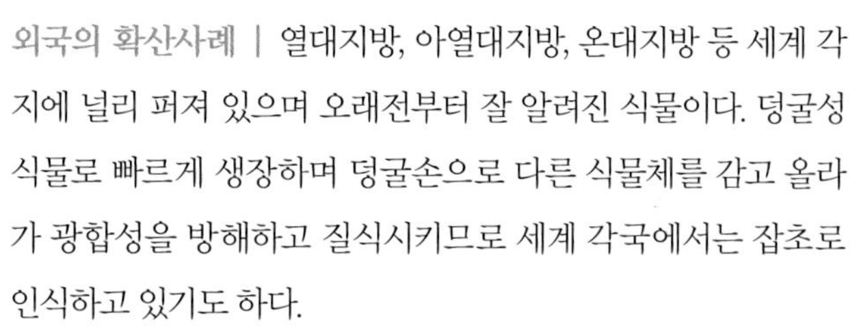

외국의 확산사례 | 열대지방, 아열대지방, 온대지방 등 세계 각지에 널리 퍼져 있으며 오래전부터 잘 알려진 식물이다. 덩굴성 식물로 빠르게 생장하며 덩굴손으로 다른 식물체를 감고 올라가 광합성을 방해하고 질식시키므로 세계 각국에서는 잡초로 인식하고 있기도 하다.

잎

국내 주요분포

전국적으로 분포하며, 제방, 교란된 지역의 공터 등에서 다른 식물 또는 울타리 등을 감고 기어올라 자란다.

관리방법

꽃이 화려하기 때문에 주거지나 길가에 식재하고 있다. 덩굴식물의 특성상 종종 자생식물을 감고 올라가기도 한다. 한해살이로 한 생육지에서 지속적인 생장과 생식활동을 할 수 없으며 일시적으로 번성했다가 이듬해에는 쇠퇴하기도 한다. 특별한 피해는 없지만, 덩굴로 인해 방해를 받는다면 주기적으로 걷어줄 필요가 있다.

둥근잎미국나팔꽃

주의사항

종자를 약으로 사용하기도 하는데, 특별한 주의사항은 알려져 있지 않다.

Symphytum officinale L.

컴프리

Comfrey

생물학적 특징

여러해살이풀로 높이는 50~90cm이다. 전체에 거칠고 흰 털이 있으며 잎은 달걀 모양의 피침형으로 어긋나게 달린다. 뿌리 쪽에 나는 잎은 달걀형으로 잎자루가 있으나 줄기에 달리는 잎은 잎몸과 잎자루가 구별되지 않으며 가장자리가 날개 모양으로 늘어져 줄기에 연결되어 있다. 꽃은 종 모양으로 된 10~20개의 꽃이 뒤로 말리듯이 꽃차례를 이룬다. 열매는 달걀형이며 4개의 소견과로 갈라지고 광택이 있는 갈색이다.

식별 | 자주색 꽃이 피고 주로 경작지에서 재배하는 것이 많으며, 지치과의 식물 중에 원통형 화관을 가지고 꽃받침이 깊게 갈라지며 꽃차례에 꽃봉오리를 감싸는 잎이 없는 것이 특징이다.

생태 | 컴프리는 종자에 의한 번식뿐 아니라 뿌리를 이용한 영양번식도 가능하고 매우 강한 번식력을 가지고 있다. 주로 재배되기도 하나 잡초의 특성을 가지고 있어서 도로변, 잡초가 우거진 곳, 공터 등의 교란된 지역에서 생육한다.

유입과 확산

뿌리의 일부만으로도 조직을 발생시켜 착생하며 주로 토양의 교반에 의한 지하부 기관의 절단으로 토양 이동시 같이 이동하여 확산된다.

원산지와 유입경로 | 유럽 원산의 식물로 북아메리카의 동부 지역에 여러 주에 걸쳐 분포하고 있다. 국내에는 비교적 최근에 재배용으로 유입되었으며 약용 또는 사료 작물로 재배되던 것이 자연 상태로 퍼져 나와 야생하였다.

외국의 확산사례 | 유럽 원산으로 북아메리카 지역의 뉴펀들랜드에서 재배되던 것이 자연 상태로 나가서 미네소타와 메릴랜드 주의 도로변, 공터와 같은 곳에 확산된 사례가 있다.

국내 주요분포

국내에는 전국 각지에서 분포하며, 재배지역을 제외하고 자연상태에서는 공터, 도로변 등에 자란다.

관리방법

종자에 의한 이동뿐 아니라 토양의 이동으로 확산되는 경우가 많으므로, 토양의 이동을 자제하고 출현 지역에서 조기에 제거하는 노력이 필요하다.

주의사항

주로 약용과 사료용, 관상용으로 재배되던 식물로 인간에 대한 생리적인 독성은 가지고 있지 않으나 번식력이 뛰어나므로 자연생태계로의 확산에 유의하여야 한다.

꽃차례

잎과 줄기

생육지

Solanum carolinense L.

도깨비가지

Horse nettle

꽃

생물학적 특징

여러해살이풀로 높이는 40~70cm 정도 되는데 1m까지도 자라며 줄기는 가지를 친다. 잎은 줄기에 성기게 어긋나고 가장자리가 물결치는 모양이다. 줄기와 잎의 앞뒷면에 단단한 가시가 있다. 5~9월에 2.5cm 정도의 백색 혹은 연보라색 꽃이 3~10개가 줄기에 모여 나는데 형태는 감자꽃을 닮았고 노란 수술이 통통한 방망이 형태로 암술을 둘러싼다. 둥근 열매는 진초록색에서 익으면 노랗게 되고 지름은 1.5cm 정도로 줄기를 따라 달린다. 열매마다 60개 정도의 종자가 들어 있다.

식별 | 잎과 줄기에 가시가 있는 점에서 가지과에 속하는 다른 식물과 쉽게 구분된다. 노란 열매가 줄기를 따라 달려 나오는 모습도 식별에 유용하다. 도깨비가지와 비슷하나 열매, 잎이 큰 것을 왕도깨비가지(*S. viarum*)라고 하며 제주도에 귀화되어 자란다.

생태 | 봄에 땅속줄기나 종자에서 발생해서 여름에 꽃이 피는데 주로 목장이나 목초지에서 많이 생육한다. 뿌리가 길게 뻗어나가고 끊어진 뿌리 조각에서 새롭게 개체가 자라나는데 토양 경운을 통해 집중 발생이 촉진되기도 한다. 가축이나 새가 먹은 열매에서 나온 씨가 분변에 섞여

나오기도 하지만 풀이나 나무가 무성한 곳에서는 좀처럼 번식하기 힘들다. 한번 발생한 지역에서는 뿌리에 의한 번식이 계속 이어지며 국소적인 확산범위를 넓혀 나간다. 제초제 내성이 커서 제초제 사용 결과 도깨비가지가 선택적으로 더 번식하는 경우도 있다. 단단하고 날카로운 가시가 식물체 전체에 나 있어 찔리기 쉽고 가축도 섭식을 피한다.

유입과 확산

번식력이 강하고 가시가 달려 있는 식물이라 가축이 먹지 않으며 일단 경지에 침입하면 모여 자라므로 방제가 아주 어려운 식물로 종자와 뿌리로 번식한다. 잘려진 뿌리마다 싹이 나와 새로운 개체로 자라거나 개체수를 늘려간다.

원산지와 유입경로 | 북아메리카 원산으로 열대에서 온대까지 분포한다. 우리나라에는 대형 목초지에 특히 넓게 분포하는 것으로 미루어 사료 수입시 섞여 들어온 것으로 추정하고 있다.

외국의 확산사례 | 미국 전역에 퍼져 있으며 캐나다 및 유럽과 일본에도 분포한다. 사료나 퇴비에 섞여 전파되기도 하며, 한번 발생한 지역에서는 뿌리에 의해 지속적으로 확산이 이루어진다.

생육지(경작지)

생육지(목초지)

잎과 줄기
열매

국내 주요분포

제주도의 대형 목장에 넓게 분포한다. 충청도와 전라도 일부에도 넓게 분포하며 강원도의 국도변이나 전남 화순의 산간 국도변과 산지, 인근 경작지에 상당히 넓게 확산되어 있다. 서울의 공원이나 도로변 등 조경 사업을 했던 곳에도 자라는 곳이 있다. 조경 자재나 사료, 가축의 변에 섞여 전파되기도 한다.

관리방법

여러해살이풀로 지상부를 제거해도 길게 뻗어 나간 뿌리에서 멀리까지 많은 개체가 자라 물리적으로 완전히 제거를 하기가 어렵다. 생태계교란야생식물로 지정되어 있으며, 많이 출현하는 지역에서 박멸을 목적으로 하는 제거가 이루어지는 경우는 뿌리까지 제거해야 2차 확산성장을 피할 수 있다.

주의사항

목장에 주로 분포하지만, 도로변이나 산지와 같은 곳에서도 쉽게 자라나와 무리를 이루므로 확산과 가시에 대해 접촉을 주의할 필요가 있다. 익지 않은 푸른 열매는 독성이 있다.

잎

꽃

도깨비가지 군락

Verbascum thapsus L.

우단담배풀

Common mullein

꽃차례

생물학적 특징

두해살이풀로 높이는 100~200cm이고 전체에 우단같은 털이 밀생하고 있다. 잎의 모양은 긴 타원형이고 가장자리는 밋밋하며 어긋난다. 첫 해에는 아래쪽에 길이 10~30cm, 폭 3~13cm의 전체가 털로 덮여 있는 방사상의 뿌리잎이 달린다. 잎의 아래쪽은 잎 몸에서 이어지는 날개 모양으로 줄기를 따라 이어져 있다. 꽃은 7~9월에 줄기와 가지 끝에 5장의 꽃잎으로 이루어진 지름 약 2cm 정도의 노란색 꽃이 달린다. 열매는 난형이며 털로 덮여 있는 열매를 맺는다.

식별 | 국내에 자생하는 *Verbascum*속의 식물은 없다. 잎이 담배잎처럼 크고 식물체가 우단처럼 털로 덮여 있으며 크기가 2m까지 자라므로 쉽게 구분할 수 있다.

생태 | 첫 해에는 줄기 아래쪽에서 몇 개의 잎이 나와 방사상의 뿌리잎을 이루고, 꽃이 필 때에는 노란 꽃이 꽃자루가 없이 다닥다닥 붙어 달린다. 벌과 같은 곤충에 의해 수분되고 열매를 쪼

개어보면 안에는 작은 종자가 많이 들어 있다. 주로 울타리 주변, 길가, 공터에 생육하며 자갈, 모래, 백색 석회암 지역에서도 자라는 특징이 있다. 햇볕이 잘 드는 건조한 땅에서 많이 경작되고, 습기가 많은 토양에서는 생육하기 힘들다.

유입과 확산

종자에 의해 번식하며 물을 통해 전파되기 쉽다.

원산지와 유입경로 | 유럽 원산의 식물로 우리나라에는 비교적 최근인 1998년 외국과의 교역을 통해 유입되었다. 유럽에 광범위하게 분포하고 있고, 온난한 기후의 아시아 지역과 히말라야까지 분포하고 있으며, 북아메리카 지역에도 매우 광범위하게 분포하고 있다.

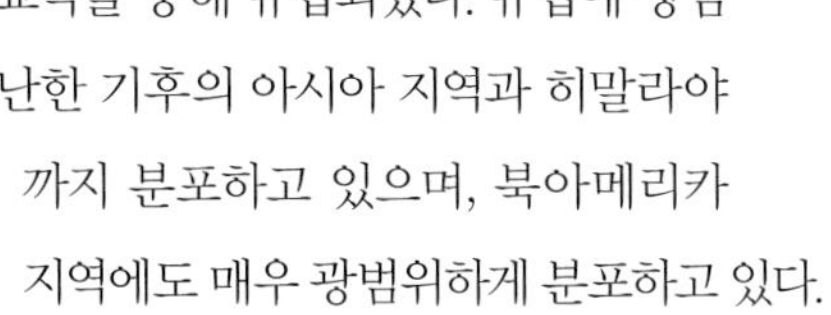

꽃

외국의 확산사례 | 18세기 중반에 미국의 버지니아주에서 살어(殺漁)제로 처음 도입된 후 급속도로 미국 동부에 확산되었으며 1839년에 미시건주, 1876년에는 태평양 연안에서 발견되었다는 기록이 있다.

국내 주요분포

서울, 경기, 충북, 전북, 제주도 등지에 분포하며 주로 도로변, 공터에서 자란다.

관리방법

우단담배풀은 생육하고 있는 지역에서 많은 종자를 퍼뜨리고 조건이 좋지 못한 토양에서도 잘 정착하기 때문에 관리가 매우 어렵다.

잎과 줄기

주의사항

종자에는 독성 성분이 들어 있어서 물고기가 섭취할 경우 기절하기도 한다.

Veronica persica Poir.

큰개불알풀

Field speedwell

열매

생물학적 특징

두해살이풀로 높이 20~30cm 크기로 자라고 뿌리의 밑부분이 옆으로 뻗으며 가지가 갈라진다. 잎은 줄기에서 마주나기 형태로 달리지만 줄기의 윗부분은 어긋나기 형태로 달린다. 잎의 모양은 삼각형 혹은 달걀 모양의 삼각형이며 줄기의 밑부분에는 잎자루가 있으나 윗부분에는 잎자루가 없어지는 형태이다. 잎에는 털이 있으며 잎의 가장자리는 4~7개의 톱니모양으로 갈라진다. 열매는 캡슐 모양의 삭과로 편편한 뒤집힌 심장 모양이다. 꽃은 3~9월에 볼 수 있고 하늘색을 띠며 잎겨드랑이에 하나씩 달린다. 꽃받침은 4개로 갈라진다. 수술 2개와 암술 1개를 가지고 있다.

식별 | 국내에 알려진 개불알풀 종류는 총 4종으로 개불알풀(*V. didyma* var. *lilacina*), 선개불알풀(*V. arvensis*), 큰개불알풀(*V. persica*), 눈개불알풀(*V. hederaefolia*) 등이 있다. 이 중 큰개불알풀은 다른 3종과 달리 꽃의 지름이 약 8mm로 가장 크며 꽃이 하늘색을 띠므로 다른 종들과 쉽게 구별할 수 있다.

생태 | 이른 봄부터 여름까지 비교적 토양 수분조건이 양호한 논둑, 길가, 쓰레기터 등에서 잘 발견되며 땅이 단단하게 다져진 노상과 같은 곳에서는 보기 힘들다. 토양에 충분한 유기물이

있는 장소에 잘 자란다. 연약한 줄기는 옆으로 뻗으며 높은 밀도와 피도로 토양을 피복한다. 종자로 번식하며 곤충에 의해 수정이 이루어진다. 반그늘이나 양지에서 잘 관찰되며, 음지에서는 생존하지 못한다.

유입과 확산

주로 발견되는 장소는 공원, 잔디밭, 길가, 경작지, 하천제방 등이며 생태계가 잘 보전된 지역에서는 관찰하기 어렵다. 확산은 주로 중력 또는 개미류의 곤충에 의해서 단거리 확산이 이루어지는 것으로 알려져 있으며, 조경수, 잔디, 건설 활동 등 인위적인 토양의 이동에 의해서 장거리로 확산되기도 한다. 한 식물체에서 많게는 약 7,000개의 종자가 생성되고 20년간 토양에 묻혀 있던 종자가 발아되는 경우도 있으며 번식력과 생명력이 강한 식물이다.

원산지와 유입경로 | 유럽 원산으로 국내에는 1946~1960년 사이에 유입된 것으로 알려져 있으며, 전국적으로 확산되어 있는 식물이다.

외국의 확산사례 | 유럽, 아시아, 아프리카 등에 확산되어 있다. 인간에 의해 토지의 집약적인 이용이 이루어지는 경작지, 건설 현장 등에 집중적으로 분포하는 경향을 가지고 있다.

생육지

눈개불알풀

국내 주요분포

도서 지방을 포함하여 전국의 들, 밭, 공터 등에 분포하고 있다.

관리방법

식물체의 키가 작고 그늘에서는 생장 및 생육이 어렵기 때문에 키가 큰 다른 잡초들과 달리 경작지에서의 관리가 까다롭지 않다. 또한 경작물에 피해를 주거나 생태계를 교란한다는 구체적인 보고는 없다. 그러나 단독으로 우점하는 형태로 확장되는 경우가 종종 있으므로 다른 식물들과 생육지나 토양의 양분에 대한 경쟁이 일어날 수 있다. 종자는 환경이 열악하면 토양 내에서 휴면형태로 남아 있으며 유리한 환경조건이 되면 발아한다. 따라서 종자가 포함된 토양을 인위적으로 이동하는 것을 삼가는 것이 바람직하다.

주의사항

큰개불알풀은 인체에 해를 미치는 가시와 같은 구조가 없으며 독성에 관련된 연구사례를 찾아보기 어렵다.

Plantago lanceolata L.

창질경이

Ribgrass

꽃차례

생물학적 특징

여러해살이풀로 땅속으로 뻗은 뿌리는 굵고 육질이다. 잎은 뿌리에서부터 나와 비스듬히 퍼지며 위로 향한 털이 있다. 잎의 길이는 약 10~30cm이다. 잎은 주름지고 톱니가 없으며 3~5개의 잎맥이 있다. 뿌리는 짧고 굵으며 육질이다. 꽃은 8~9월에 피며 흰색 꽃이 줄기 끝에 달리고, 30~60cm까지 자란다. 꽃차례는 처음에는 둥글지만 자라면서 길어진다. 수술은 4개이고 꽃밥은 자주색을 나타낸다. 암술대는 꽃 위로 1cm 정도 나온다. 열매는 캡슐 모양의 삭과로 길이 1.5~2mm인 1~2개의 흑갈색 종자가 있으며 종자 앞에 홈이 있다.

식별 | 창질경이는 질경이(*P. asiatica*)에 비하여 잎이 창 모양으로 가늘고 길며, 열매에 들어 있는 종자수가 질경이는 6~8개인데 비해, 1~2개이다. 꽃차례는 수상꽃차례로 꽃대에 밀집하여 마름모 모양으로 피므로 질경이와는 쉽게 구별된다.

생태 | 여러해살이지만 추위를 이기지 못하여 겨울철에 생존하기 어렵다. 빛을 좋아하는 식물로 직사광선이 내리 쪼이는 잔디밭, 목초지, 해변가와 같은 장소에서 자라며 음지에서는 생존하기 어렵다. pH 4.5 이하의 높은 산성 토양에서도 출현하고 염분에 대한 내성이 있으나 해변에는 살지

않는다. 무성생식에 의한 번식보다는 종자에 의한 번식이 잘 일어나는 식물이며 외형적인 변이가 자주 일어난다.

유입과 확산

원산지와 유입경로 | 유럽 원산으로 세계 각지에 퍼져 있으며, 국내에는 1937년 이전 일본을 통하여 유입된 것으로 보고되었다. 주로 곡물사료에 섞여서 확산된 것으로 보인다.

외국의 확산사례 | 유럽, 아시아 등지에서 분포하고 있다.

국내 주요분포

국내에서는 서울, 인천, 충청남도 태안군 일대와 서산 및 제주도에서 분포가 확인되었고, 주로 남부지역의 해안가 도로변에 국지적으로 분포하고 있다. 개체로 흩어져 자라거나 일부 도로를 따라 소규모 군락을 형성하기도 한다.

잎

생육지

관리방법

호주, 칠레, 프랑스 등에서는 목초지나, 길가, 경작지 등과 같이 인간에 의하여 집약적인 토지이용이 이루어지고 있는 지역을 중심으로 확산되고 있다. 창질경이의 분포는 군락을 이루지 못하고 주로 산재하는 특성을 보여 생태계에 큰 위협은 없는 것으로 판단되나 여러해살이풀인 특성상 한 지역에 정착하면 쉽게 제거가 되지 않기 때문에 자생식물과의 경합이 우려된다. 현재 남부지방의 해안 및 내륙에 제한적으로 분포하고 있으나 다른 지역으로 확산 방지를 위해 제거해야 하며 주기적인 제초를 통하여 식물의 개체군 크기와 번식을 조절할 수 있다.

주의사항

창질경이는 자신을 보호하기 위한 독성물질이나 가시가 없어서 다루는데 특별한 주의가 필요하지 않다. 식물체 전초를 위염, 기생충 방제, 피부염, 방광염, 기관지염 등 의학적인 용도로 널리 사용하기도 하며 잎에서 얻은 질 좋은 섬유질로 옷감을 만들기도 한다.

Achillea millefolium L.

서양톱풀

Yarrow

생물학적 특징

여러해살이풀로 식물체의 높이는 30~100cm까지 자란다. 줄기는 곧게 서고 부드러운 털이 나있다. 잎은 어긋나며 잎이 새의 깃처럼 심하게 갈라진다. 양면에 부드러운 털이 나있으며 줄기에 달린 잎은 잎자루가 없고 밑부분은 줄기를 감싸는 형태이다. 개화기는 6~9월이며 우산모양꽃차례로 백색 또는 담홍색의 꽃이 밀집하여 핀다. 열매는 긴 타원형으로 1개의 종자를 가지며 다 익어도 벌어지지 않고 털이 없다.

식별 | 국내에 자생하는 톱풀 종류는 톱풀(*A. alpina*), 산톱풀(*A. alpina* var. *discoidea*), 큰톱풀(*A. ptarmica* var. *acuminata*) 등이 있다. 그러나 이 종들은 도심지역에서는 보기 어렵고, 주변에 흔하게 보이는 톱풀류는 대부분 서양톱풀이다. 서양톱풀은 잎이 깃 모양으로 잘게 갈라지고 털이 나있기 때문에 구별이 가능하다.

생태 | 잔디밭, 나지, 빈약한 숲, 목초지, 도로변 등의 서식지에 주로 나타난다. 빛을 좋아하는 식물이지만 반그늘 장소에서도 살며 건조한 장소에서도 죽지 않고 잘 생존한다. 길과 같이 많이 밟혀서 압력이 가해지는 토양 상태에서도 나타난다. 땅 위로 나온 부분의 수명은 짧은 편이지

만 지하부의 줄기, 뿌리와 같은 무성생식기관으로 다년간 살아 갈 수 있다. 물이 잘 빠지지 않는 점토질이 많은 토양에서는 뿌리 썩음병과 곰팡이병 등이 발생하여 장기간 생존하기 힘들다.

유입과 확산

원산지와 유입경로 | 유럽이 원산이며 1961~1980년대에 국내에 원예용이나 약용으로 들어온 것이 야생에서 자라는 것으로 판단된다.

외국의 확산사례 | 북반구 전역에 퍼져 있는 식물이다. 여러해살이이며 무성생식에 의한 번식을 주로 하므로 한번 침입한 지역에서 우점하는 특성이 있다. 목초지에 많이 퍼져서 문제가 되고 있다

잎

국내 주요분포

우리나라에는 관상용이나 약용으로 들여온 것이 야생에서 확산되고 있으며 경기도, 충청북도, 전라북도, 전라남도, 부산, 제주도 등에 분포가 확인되었다.

톱풀

관리방법

서양톱풀은 한 지역에 생육하기 시작하면 지속적으로 번식하여 세력을 확장하므로 종이 침입하는 초기에 물리적으로 식물 전체를 제거하는 것이 바람직하다. 또한 생육하고 있는 장소의 토양을 이동하는 것은 신중하게 할 필요가 있다.

주의사항

과거부터 서양에서 의약품, 식품, 관상용 등으로 다양하게 사용된 종이다. 인체에 유해할 수 있는 미량의 독성을 포함하므로 과다한 섭취를 피해야 하며 서양톱풀을 섭취한 소의 우유는 쓰고 상품성이 떨어지기 때문에 목장에서 확산되고 있으면 물리적으로 제거를 해야 한다.

산톱풀

Ambrosia artemisiifolia L.

돼지풀

Ragweed

유묘

생물학적 특징

한해살이풀로 줄기는 높이 30~180cm까지 곧게 자라며 가지가 많이 자라 다발 모양을 이룬다. 줄기와 가지에는 가는 털이 많이 배열되어 있다. 위쪽의 잎은 어긋나고 잎자루가 없으며, 아래쪽 잎은 마주나고 짧은 잎자루가 있다. 꽃은 8~9월에 긴 꽃대에 꽃자루가 있는 여러 개의 꽃이 핀다.

식별 | 쑥(*Artemisia princeps*)이나 단풍잎돼지풀(*A. trifida*)과 달리 돼지풀은 잎이 가늘고 깊게 파이며 쑥보다 키가 크다. 또한 쑥은 어긋나기 잎차례, 돼지풀은 아래쪽은 마주나고 위쪽은 어긋나기 잎차례이다.

생태 | 첫 봄비가 내린 다음부터 일제히 발아하기 시작해서 여름에서 가을에 걸쳐 개화하고 결실한다. 주로 빈터에서 생육하나 밭, 길가, 목초지, 잔디밭, 철길, 숲가 그리고 황무지 등 도처에서 자란다. 밭을 휴경상태로 놓아두면 돼지풀로 완전히 덮이는 경우가 흔하다. 건조한 땅에서도 비교적 잘 자란다. 결실이 끝난 식물체에서 산포된 종자의 많은 부분은 식물체 주변으로 떨어지는데 땅에 낙하한 종자의 밀도는 m^2당 500~7,300개로 알려져 있다. 군락을 이루어 자라는 경우가 많다. 표토가 교란된 곳에 들어가면 우점하여 도로변, 산지 주변과 경작지, 하천변 및 목초지 등에 쉽게 침입하여 크

게 자란다. 종자는 토양에서 5~14년까지 생존할 수 있고 밀집하여 자라는 경우 m^2당 500개체가 자라기도 한다. 수꽃은 꽃대를 따라 다닥다닥 붙어 많은 수가 피고 암꽃은 꽃대 가장 아랫부분에 모여 2~3개 피어난다. 꽃이 피었을 때 바람을 따라 노란 꽃가루가 날리는데 단풍잎돼지풀과 마찬가지로 꽃가루 알레르기를 유발하는 식물로 알려져 있다.

유입과 확산

세계 여러 나라에서 돼지풀은 꽃가루 알레르기와 관련이 있고 자생식물의 생육을 억제하는 정도가 강하여 침입성 외래종으로 관리하고 있다. 종자는 그 자리에 떨어지거나 다른 물자 등에 운반되어 원거리 전파가 이루어진다.

원산지와 유입경로 | 북아메리카 원산으로 유럽과 아시아에 널리 퍼져 있다. 우리나라에는 1968년에 처음 보고되었다. 경기도에 집중적으로 분포하고 넓은 지역에 확산된 점으로 보아 미군 물자나 사람의 빈번한 이동이 돼지풀의 광범위한 유입의 원인이 된 것으로 보인다.

외국의 확산사례 | 미국 전역과 하와이에 퍼져 있다. 유럽에도 퍼져 있는데 종자가 물자 등에 섞여 들어가는 경우가 대부분이다. 유럽 이외에 아시아, 남아메리카, 중남부 아메리카, 호주, 뉴질랜드 등에도 분포하고 있다.

국내 주요분포

우리나라 전국의 숲 틈, 밭, 들, 도로변, 하천변, 나지 등에 분포한다. 강원도와 경기 북부 일대에는 도로변이나 밭둑을 따라 길게 자라는 곳이 많다. 대부분 개발 등으로 발생한 나지에 초기 종으로 들어가는 경우가 많으며, 안정된 생태계에서는 발견이 어렵다.

생육지

잎
열매
잎과 꽃

관리방법

야생동식물보호법에 생태계교란야생식물로 지정되어 있다. 인근에 돼지풀이 많이 자란 곳으로 식생보전이 필요한 지역은 돼지풀의 출현관찰과 침입초기에 제거관리가 요구된다. 바람의 통로인 도로와 나지에 널리 퍼지는 특성상 종자확산방지가 필요하다. 돼지풀은 단풍잎돼지풀과 마찬가지로 종자가 흙이나 식물체, 작물에 섞여 들어온다. 하천에서 둔치와 제방의 대대적인 정비를 할 경우에는 흙속에 있는 종자가 확산될 수 있으므로 돼지풀 종자가 섞인 토사나 식물체의 이동을 제한할 필요가 있다. 돼지풀은 꽃이 피기 전에 집중해서 제거하는 것이 좋다. 꽃이 피면 꽃가루 알레르기 문제가 생길 수 있고 열매가 맺으므로 종자의 확산을 막기 어렵다. 어린 식물 단계에서 제거하면 쉽게 뽑혀 표토교란도 적고 확산을 막을 수 있다.

주의사항

돼지풀은 풍매화로 수꽃의 꽃가루가 바람에 많이 퍼져나가며 알레르기를 일으키는 것으로 알려져 있어 꽃가루 알레르기에 민감한 사람은 돼지풀이 집단으로 자라는 곳은 출입에 주의할 필요가 있다. 다른 독성이나 알레르기는 알려져 있지 않다. 종자가 많이 달린 곳에서 제거작업을 하는 경우에는 작업 후에 옷과 신발을 털어 몸에 묻은 종자를 모두 털어내고 모아 발아하지 못하도록 태우거나 봉지에 넣어 처리하는 것이 좋다.

Ambrosia trifida L.

단풍잎돼지풀

Great ragweed

꽃차례

생물학적 특징

한해살이풀로 줄기는 3m 혹은 그 이상까지 곧게 자라며 가지를 치고, 줄기에는 거친 털이 있다. 잎은 마주나며 세 갈래 혹은 다섯 갈래로 깊게 갈라진 손바닥 모양이고 잎가장자리는 톱니가 있으며 잎 양면에 거친 털이 있다. 꽃은 7~9월에 긴 꽃대에 꽃자루가 있는 여러 개의 꽃이 핀다.

식별 | 돼지풀(*A. artemisiifolia*) 잎은 깊고 가늘게 갈라져 있으나, 단풍잎돼지풀은 단풍잎 모양으로 크게 갈라지며 잎이 넓고 크다. 단풍잎돼지풀이 키가 훨씬 커서 2~3m까지 자라고 줄기가 더 두껍다. 잎은 세 갈래로 크게 갈라지는데 다섯 갈래로도 갈라진다. 땅이 비옥하고 키가 큰 풀과 경쟁하여 자라는 곳에서는 5m까지 자란다.

생태 | 봄에 발생해서 여름과 가을에 개화하고 결실하는데 밭, 밭 주변, 길가, 초지 그리고 하천부지 등 도처에서 무리지어 자란다. 한해살이풀이지만 땅속에서 줄기가 벋으며 비옥하고 습윤한 곳을 좋아한다. 경작지에 번성하는 경우 작물의 생육을 크게 저해하는데 미국에서는 옥수수밭과 콩밭에서 단풍잎돼지풀로 인하여 수확이 감소되기도 한다. 작물이나 다른 풀보다 30cm~1.5m까지 더 자라 다른 풀의 생육을 저해하고, 밀집하여 다른 식물이 들

어갈 틈을 주지 않는다. 번식력이 왕성한 잡초로 관리가 쉽지 않고 한 번 정착하면 바람을 따라 확산된다. 모래땅, 석회암 토양이나 진흙 토양 등에서 잘 자라며 반 그늘진 곳이나 그늘이 없는 곳에서도 잘 자란다. 많은 종자가 산포되면서 큰 군락을 이루게 된다.

유입과 확산

돼지풀이나 단풍잎돼지풀은 침입성과 확산력이 높아 하천변이나 경작지 등에 대형 군락을 이루며 생태계를 교란하거나 농업생산에 지장을 주는 문제가 크게 대두되고 있다. 키가 크고 잘 확산되어 다른 식물의 생육을 저해한다.

원산지와 유입경로 | 북아메리카 원산으로 유럽과 아시아 등에 널리 확산되었다.

외국의 확산사례 | 미국 전역에 퍼져 있으며 유럽, 아시아, 남아메리카 및 호주 등에 널리 퍼져 있는데 대부분 비의도적인 유입이 촉발한 대확산이라는 공통적인 특징이 있다. 일본에서는 요주의 외래생물로 지정하여 관리하고 있다.

국내 주요분포

경기 북부와 강원도의 도로변, 하천변 등에 집중 분포하며, 중·남부지방의 일부 하천에서도 큰 규모의 군락을 이루어 생육하고 있다. 영천시 영천호의 경우 호안 수변지대에 대규모 군락을 이루고 있으며, 제천시 장평천과 제천천 일대에 10km 이상 길게 분포하고 있다.

관리방법

인근에 단풍잎돼지풀이 많이 자라고 있는 지역에서는 단풍잎돼지풀의 출현관찰과 침입 초기의 제거관리가 필요하다. 바람의 통로인 도로와 물길을 따라 널리 퍼지는 특성상 종자 결실 전

생육지

에 뿌리째 뽑아 건조 후 폐기하여야 한다. 야생동식물보호법에 생태계교란야생식물로 지정되어 있다. 단풍잎돼지풀은 종자가 토양, 식물체, 작물 등에 섞여 들어온다. 하천 구간에서 둔치와 제방의 정비를 하는 경우, 토양 속 종자가 크게 번져 나갈 수 있으므로 단풍잎돼지풀 종자가 섞인 토양은 이동을 제한할 필요가 있다. 단풍잎돼지풀은 꽃이 피기 전에 집중해서 제거해야 한다. 꽃이 피면 꽃가루 알레르기의 영향을 받을 수 있고, 개체가 자라 3m 이상에 이르면 억세어져서 뽑아내기가 쉽지 않다. 꽃이 피기 시작하면 일찍 꽃이 핀 개체에서는 열매가 달리므로 종자가 확산될 우려가 있다. 개체의 제거는 식물체가 어린 시기인 5월부터 뽑아 없애야 제거도 쉽고 토양 교란도 적게 생긴다. 단풍잎돼지풀이 자란 곳에는 땅속에 종자가 묻혀 있는 경우가 많으므로 4~5년 간 집중적으로 제거해야 한다.

주의사항

단풍잎돼지풀이 속하는 *Ambrosia*속 식물은 돼지풀과 같이 수꽃에 의한 꽃가루 알레르기와 연관이 있어 민감한 사람은 단풍잎돼지풀이 밀집한 곳은 피할 필요가 있다. 도로변과 경작지나 하천변 등에 대대적으로 자라는데 이들의 생육지에서 바람의 하류방향에 있는 주요 지역은 출현관찰과 초기대응을 하는 것이 좋다.

Aster pilosus Willd.

미국쑥부쟁이

White heath aster

꽃

생물학적 특징

여러해살이풀로 줄기는 원뿔 모양으로 가지를 치며 아래쪽은 목질화되고 키는 1m 이상 자라며 작은 가지들은 한쪽을 향하여 배열된다. 아래쪽의 잎은 주걱형이며, 줄기의 잎은 좁고 긴 선형 및 선상의 피침형으로 톱니가 없다. 꽃은 9~10월에 피며 지름 10~17mm이며 주로 흰색이다. 개체당 3만~4만여 개의 종자를 생산한다.

식별 | 외형적으로 미국쑥부쟁이와 비슷한 외래식물 우선국(*A. novibelgii*)은 잎이 긴 타원 모양의 피침형으로 폭이 넓고 꽃은 지름 25mm로 자주색을 띤다. 쑥부쟁이(*A. yomena*)는 잎 가장자리에 물결형의 톱니가 있고 꽃이 가지 끝에 하나씩 달리며 꽃의 지름이 25mm 정도이고 혀꽃의 색이 자주색이어서 흰색을 띠는 미국쑥부쟁이와 구별된다.

생태 | 들이나 산기슭에 나며 오히려 건조한 사질토양의 빈터에서 잘 생육한다. 지난해 성장한 뿌리줄기에서 집중적으로 발아하고 줄기를 이루며 자라는 특성을 보여 미국쑥부쟁이가 들어간 자리는 다른 식물의 침입이 어렵다. 미국쑥부쟁이는 하천변과 도로변에 띠를 이루며 대규모로 분포한다. 길가에 자란 이후에는 주변의 밭 등에 들어가는 경우도 있다. 많은 수의 종자로 확

산하며 가지를 많이 쳐서 키작은 하층 식물에 대한 배제작용이 크다. 따라서 하천식생의 종다양성을 낮추기도 한다.

유입과 확산

원산지와 유입경로 | 북아메리카 원산의 식물로 남북아메리카 및 아시아에 주로 분포하고 있으며 유럽을 포함한 세계 여러 나라에 널리 퍼져 있다. 우리나라에는 한국전쟁 때 미 군수물자에 묻어 들어온 것으로 추정되며, 1980년대에 경기도 포천을 중심으로 발생하여 현재 전국의 하천과 도로변, 산지 등에 분포한다.

외국의 확산사례 | 일본에서 도로변과 하천변에 문제시되고 있는 침입성 외래종으로 많은 관심을 받고 있다.

열매

국내 주요분포

우리나라 처음 발견지인 춘천의 중도는 물론이고 경기 북부지역과 서울의 도로변과 하천변에 대규모로 분포하고 있다. 제주도에서는 2001년 보고되었으며 2009년 안덕면과 우도에서 확인되었다. 경기도 및 서울 지역 하천변과 도로변에 대규모로 퍼져 있고, 특히 인간의 간섭이 많은 양재천 및 경기도 하천변 제방 및 산책로 변에 대규모로 분포하여 하천식생 및 하천생태계에 영향을 미치고 있다. 계룡산, 지리산, 덕유산, 치악산 등의 국립공원 지역에도 분포하고 있다.

생육지

관리방법

미국쑥부쟁이는 종자가 바람에 날리며 원거리 확산되고, 뿌리에서 새로운 개체가 나오면서 밀집하여 생육한다. 생태계교란 야생식물로 지정되어 있으며, 바람길과 물길의 하류부에 중요한 생태계가 있는 미국쑥부쟁이 집단발생지는 우선적으로 확산방지가 필요한 지역으로 변화양상을 관찰할 필요가 있다.

우선국

주의사항

하천변 식물의 생육을 방해하며 키가 작은 하층 식물들에 대한 방해작용이 더욱 커서 하천식생과 생태계교란에 주의할 필요가 있다.

Aster subulatus Michx.

비짜루국화

Saltmarsh aster

생물학적 특징

한해살이풀로 식물체 전체가 털이 없으며, 많은 가지를 치고 높이 50~120cm까지 자란다. 잎은 어긋나며 뿌리잎은 주걱형으로 잎자루가 있고, 줄기잎은 선형이며 잎자루가 없다. 꽃은 8~10월에 줄기 끝에 달리는데 크기가 작고 꽃잎은 담자색이나 백색이다.

식별 | 큰비짜루국화(*A. subulatus* var. *sandwicensis*)는 비짜루국화와 비슷하나 줄기의 아래쪽 잎이 길이 12~18cm의 장타원형이며 꽃이 지름 10mm 정도로 더 큰 점에서 비짜루국화와 차이가 난다. 또한 줄기에 붙는 잎은 잎자루가 없고 줄기 부분에서 감싸며, 꽃이 진 후에 씨앗털이 총포편 밖으로 길게 나와 붓 모양으로 보인다.

생태 | 가을에 겨울을 나는 뿌리를 형성해서 월동하고 다음 해의 여름에서 가을에 걸쳐 개화한다. 햇빛이 잘 드는 습한 곳을 선호하는데 밭, 길가, 공터, 냇가의 둑 그리고 가을갈이 논 등지에서 대군락을 이룬다. 염습지나 기수역 습지 등과 소금기가 있는 해변 등에서 잘 자라며 하천변에도 잘 자란다.

유입과 확산

습지에 대량으로 번져나가는 경우 자연식생의 변화가 초래될 가능성이 있다. 고창 곰소만 일대의 해안가 나대지에 상당 규모로 자라 있는 것으로 보아 해안가나 물가 등에서는 비짜루국화의 확산에 대한 대비가 필요한 것으로 보인다. 종자에 의하여 퍼져나가며 개체군이 비교적 잘 유지되는 것은 죽은 식물체가 겨울 동안 생육지를 점유하며 종자가 인근에 잘 산포되는 전략 때

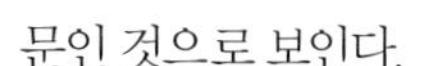

문인 것으로 보인다.

생육지

큰비짜루국화

원산지와 유입경로 | 북아메리카 원산으로 미국의 동부와 남부에 널리 퍼져 있다. 우리나라에는 1980년에 인천에 출현한 것이 보고되었다.

외국의 확산사례 | 미국 남동부 해안습지 등에 퍼진 곳이 많으며 호주는 위해잡초 분류에서 일정 지역에 피해가 있는 중요 위해잡초로 분류하고 있다.

국내 주요분포

경기 지방을 중심으로 널리 퍼져 있고, 속초 청초호나 대전 갑천 같은 곳을 비롯한 전국의 해안지대를 중심으로 하구역과 염습지 및 갯벌에 분포하고 있다.

관리방법

비짜루국화는 우리나라에서 주요 하천에서 전국적으로 확산되고 있는데, 주로 서울 및 경기지역에서 집중적으로 분포하고 있으며, 강원도, 충청남도 및 전라남북도 하천변으로 넓게 확산되고 있다. 인간 활동이 많은 서울 하천변의 경우 자전거 도로 및 산책로 그리고 제방변 꽃길 가꾸기 등을 통한 교란에 의하여 비짜루국화가 우점하여 밀생 분포하고 있다. 또한 서해안, 남해안 하구역 및 염습지와 동해안 석호 및 하구역에도 분포하고 있다. 습지 및 염습지에서 비짜루국화는 높은 번식력으로 갈대, 갯개미취, 칠면초, 해홍나물 등 염습지 식생과, 묵논습지에서 골풀, 세모고랭이, 고마리 및 사초과 식물 등 습지식물과 경쟁하면서 습지대를 점유, 대체하여 습지생태계를 현저하게 교란시켜 습지생태계의 생물다양성에 영향을 미치고 있다. 비짜루국화는 물흐름에 따라 쉽게 전파되고 원거리 확산이 이루어지므로 비짜루국화가 크게 자란 수변의 수계 하류부나 그 인근에 중요한 생태계가 있는 경우 종자의 확산을 방지하는 조치가 필요하다.

주의사항

비짜루국화는 독성이나 알레르기성 정보가 나와 있지 않다.

Bidens frondosa L.

미국가막사리

Beggar ticks

생물학적 특징

한해살이풀로 키는 50~150cm까지 자란다. 잎은 마주나며 아래쪽의 잎은 3~5장의 작은 잎으로 된 깃 모양의 겹잎이고 가장 위의 잎은 갈라지지 않는다. 6~9월에 황갈색 꽃이 가지 끝에 피며 줄기 전체가 암자색이고 네모로 각이 진다. 열매는 납작하고 좁은 쐐기형이며 2개의 가시가 있다.

식별 | 미국가막사리는 열매가 납작하고 작은 선형으로 끝이 좁은 도깨비바늘(*B. bipinnata*)과 구분되며, 가막사리의 잎은 깃꼴 겹잎이 아닌 깃 모양으로 깊게 갈라지는 점이 다르다.

생태 | 봄에 발생해서 물가나 습지에서 잘 생육하고, 논, 논둑, 수로, 길가, 공터 등에서 자란다. 특히 경작을 하지 않는 묵논에서는 밀생한다. 토양에 대한 적응성이 크며 번식력이 강하고 개체당 7,500개 정도의 종자가 생산되는데 종자가 물에 뜨므로 큰 비가 올 때 원거리확산이 쉽게 이루어져 수변에 무리지어 크게 자란다. 흙속에 묻힌 종자는 수십 년 휴면상태를 유지하기도 한다.

유입과 확산

종자 끝부분에 두 개의 가시가 있어 산지나 경작지 인근과 사람의 출입이 잦은 공원 등에서는 옷이나 동물에 쉽게 붙어 이동 및 확산되는 것으로 보인다.

원산지와 유입경로 | 북아메리카 원산으로 아시아, 유럽에 널리 분포한다.

외국의 확산사례 | 캐나다 북부에서 미국 전역으로 퍼져나갔다. 유럽 전역으로 확산되었고 터키에도 확산되어 있다. 중국, 일본과 뉴질랜드에서도 크게 확산되었는데 주로 물가와 습지를 따라 많은 분포를 보이고 있다. 일본에서는 요주의 외래생물로 지정하여 관리하고 있다.

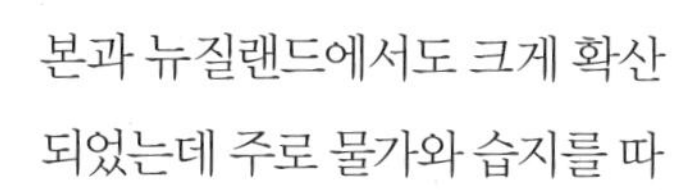

열매

줄기

가막사리

국내 주요분포

전국의 수변에 분포하고 있다. 중부 지방의 하천변에 흩어져 있으며 제방에서 물가까지 큰 무리를 지어 자란다. 경작지 경계지에도 큰 무리를 지어 자라는 경우가 많고 서울의 강서습지와 같이 자연에 가까운 초지에서도 넓게 자라고 있으며 동강, 순천만과 전국 각지의 생태공원에도 분포하고 있다.

관리방법

물 흐름에 따라 쉽게 전파되고 원거리확산이 이루어지므로 미국가막사리가 크게 자란 수변의 수계 하류부나 그 인근에 중요한 생태계가 있는 경우 종자의 확산 방지가 보전에 유용하다. 사람의 출입이 잦은 지역에 미국가막사리가 많이 자라고 그 인근에 주요 생태계가 있는 경우도 종자확산 방지를 위한 개체군 제거 등이 요구된다. 제거가 적합하지 않는 경우에는 사람이나 동물의 접촉을 제한하는 일만으로도 주변 지역으로의 전파를 상당히 억제할 수 있는 것으로 보인다.

주의사항

종자에 난 가시는 피부에 해를 미칠 정도는 아니고 특별한 위해성은 알려져 있지 않다.

Bidens pilosa L.

울산도깨비바늘

Hairy beggar-ticks

꽃

생물학적 특징

한해살이풀로 줄기는 4~6각이 지며 곧추서고 높이는 50~110cm이다. 새깃 모양의 잎은 3~5열로 갈라지며 작은 잎은 달걀형이다. 또한 주로 마주나지만 위쪽의 잎은 간혹 어긋나는 경우가 있으며 잎자루가 있다. 꽃은 지름이 약 1cm의 노란 꽃으로 6~8월에 피며 설상화가 없고 대롱 모양의 통상화로만 이루어졌으며, 가지 끝에 1개씩 난다. 꽃차례를 둘러싼 작은 조각은 1열로 7~8개이고 주걱 모양이며 통상화는 양성으로 노란색이다. 열매는 검은색의 선형으로 4각이 졌으며 꽃차례를 둘러싼 조각보다 길고 관모가 변한 3~4개의 가시가 달려 있다. 가시에는 아래를 향한 낚시바늘 모양의 갈고리가 있다.

식별 | 두화의 가장자리에 혀꽃이 있는 도깨비바늘(*B. bipinnata*), 혀꽃이 흰색인 흰도깨비바늘(*B. pilosa* var. *minor*)과 달리 울산도깨비바늘은 혀꽃이 없어 구별된다.

생태 | 봄에 발생하여 경작지, 길가, 나지, 정원 등에 고루 자라며 특히 인간에 의해 훼손된 지역에서 잘 자란다. 또한 다른 식물의 군락에 쉽게 섞여 자라며 토양에 대한 적응성이 뛰어나다.

유입과 확산

종자로 번식하고 비, 바람, 동물, 인간의 활동 등에 의해 전국으로 전파되며, 열매의 갈고리를 이용하여 동물이나 인간의 몸에 붙어 확산된다.

원산지와 유입경로 | 열대아메리카 원산으로 열대에서 난대까지 세계적으로 분포한다. 우리나라에서는 울산항에서 처음 발견되었다.

외국의 확산사례 | 미국, 호주, 태국에 확산되어 있으며 위해 잡초로 관리되고 있다.

국내 주요분포

주로 남부 지방과 제주도에 분포하며 서울에서도 분포한다.

관리방법

한번 정착한 지역에서는 쉽게 제거가 어려우며 손으로 뽑아주거나, 뿌리의 성장을 막는 등의 물리적인 방법과 제초제와 같이 화학적인 방법으로 확산을 관리한다. 확산력이 좋은 종자에 의해 전파되므로 종자가 형성되기 이전에 제거하는 것이 바람직하다.

주의사항

아직까지 동물 또는 인체에 알려진 위해성은 존재하지 않는다.

열매 / 흰도깨비바늘 / 잎 / 도깨비바늘

Carduus crispus L.

지느러미엉겅퀴

Wilted thistle

생물학적 특징

두해살이풀로 줄기는 높이 70~140cm 정도이며, 줄기를 따라 많은 톱니가 달린 날개가 달린다. 뿌리에서 나는 잎은 모여 나고 길이 30~40cm 정도의 긴 타원모양의 피침형인데 꽃이 피는 시기에는 없어진다. 줄기에서 나는 잎은 어긋나기로 길이 10~20cm 정도의 타원 모양의 피침형이며 깃 모양으로 갈라진다. 6~8월에 피는 두상화는 지름 17~27mm 정도로서 흔히 자주색이나 백색의 꽃이 피는 것을 흰지느러미엉겅퀴(*C.crispus* var. *albus*)라 한다. 수과는 길이 3mm, 지름 1.5 mm 정도의 타원형이며, 관모는 길이 15mm 정도이다. 연한 줄기는 식용하고 뿌리는 약으로 사용하며 종자로 번식한다.

식별 | 꽃의 형태는 다른 엉겅퀴 종류들과 비슷한 형태와 색을 지니고 있지만 지느러미엉겅퀴의 줄기에는 지느러미처럼 날개가 붙어 있어서 쉽게 구별 가능하다.

생태 | 겨울을 제외하고 연중 발생해서 월동한 후, 5~10월에 걸쳐 개화하고 11월에 결실한다. 밭, 길가와 공터 등에서 자라며 토양 종류를 가리지 않고 햇빛이 잘 드는 곳에서 잘 자란다.

잎

유묘

열매

엉겅퀴

유입과 확산

종자로 번식하며, 종자의 전파는 주로 바람으로 이루어진다.

원산지와 유입경로 | 유럽과 서아시아 원산이며, 지리적으로 아시아, 유럽 등지에 널리 분포한다. 우리나라에는 개항 이후 도입되었으며 유입경로는 명확하지 않다.

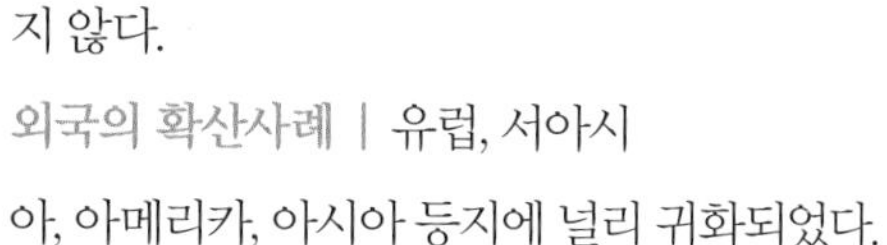

외국의 확산사례 | 유럽, 서아시아, 아메리카, 아시아 등지에 널리 귀화되었다.

국내 주요분포

전국적으로 도로변이나 논, 밭 근처, 산지 근처에 분포한다.

관리방법

적당한 생육조건이 되면 먼저 들어가서 정착하는 선구종의 특징을 지니고 있다. 음지에 대한 내성이 없어 볕이 적으면 자라기가 어렵다. 따라서 천이가 진행되어 자생식물이 본 식물의 상층을 우점하게 되면 생존할 수 없다.

지느러미엉겅퀴가 발견된 장소에서는 개체 단위로 산재하며 집단으로 분포하는 경우는 거의 발견되지 않고 있다. 자생식물에 대한 위해성이 적은 것으로 보이며 경작지나 목초지와 같이 특별한 목적에 의한 관리지역으로의 침투가 아니면 계획적인 제거작업은 필요하지 않을 것으로 보인다.

주의사항

줄기와 잎의 가시는 접촉시 인체에 상해를 줄 수 있으며 뿌리는 약간의 독성이 있는 것으로 알려져 있으므로 전문가의 동의 없이 인체에 사용하는 것은 자제해야 한다.

Conyza canadensis (L.) Cronquist

망초

Horse weed

줄기

생물학적 특징

한해 또는 두해살이풀로 높이는 1~2m까지 성장한다. 줄기는 곧게 자라고 전체에 굵은 털이 있다. 뿌리에서 나는 잎은 주걱 같은 피침형으로 톱니가 있고 꽃이 필 시기에는 마르며 줄기에 나는 잎은 어긋나기로 달린다. 꽃은 흰색으로 가지와 줄기 끝에 무리지어 달리며 큰 원추꽃차례를 이룬다. 두화는 지름이 3mm 정도로 작고 많은 수로 달린다. 열매는 1개의 씨를 가지며 다 익어도 열리지 않는 수과로 길이 1.2mm이고 관모는 길이 2.5mm이다. 뿌리는 주근을 형성한다.

식별 | 개망초(*Erigeron annuus*)와 달리 뿌리잎이 피침형에 가까우며, 꽃은 지름 3mm로 지름이 2cm인 개망초보다 작다. 꽃피는 시기는 6~7월에 꽃피는 개망초에 비해 다소 늦은 7~9월이다.

생태 | 도로변, 나지, 쓰레기터, 오랫동안 버려진 밭, 항구 등 인간의 활동이 빈번하게 이루어지는 토지를 중심으로 흔하게 나타난다. 빛을 좋아하는 식물로 빛이 적은 음지에서는 살지 않는다. 가장 크게는 높이 2m까지도 자라지만 환경이 열악하면 8cm 정도에서도 생식활동을 할 수 있다. 곤충에 의한 타가수분도 가능하지만 주로 자가수분에 의해 수정이 이루어지는 것으로 알

려져 있다. 따라서 한 개체가 침입하게 되면 다음 세대가 만들어지는 것이 가능하므로 확산이 빠르게 일어날 수 있다. 개체당 1만 개 이상의 종자를 만들며 관모가 있어서 바람에 의해 멀리까지 산포 가능하다.

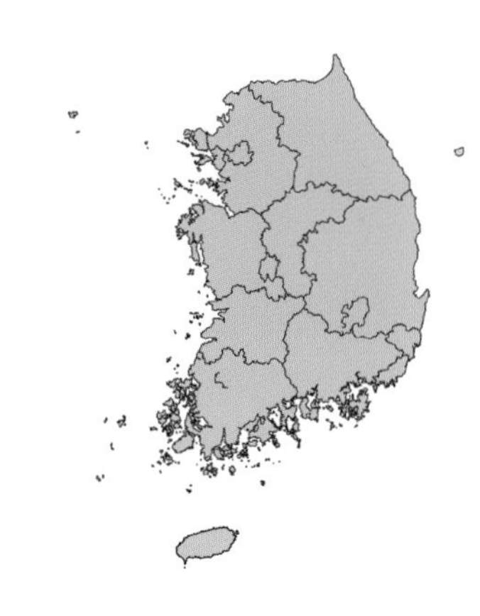

유입과 확산

원산지와 유입경로 | 북아메리카 원산으로 1876~1910년경 우리나라에 귀화한 것으로 알려져 있다. 국내의 경우 물류 수송과정에서 이입되어 확산된 것으로 여겨진다.

실망초

개망초

큰망초

외국의 확산사례 | 아시아, 유럽 등지에 확산되어 있으며 길가, 경작지, 목초지, 습지 등에서 자생하고 있다. 특히 경작지에서 확산되어 작물의 생장·생식을 방해하므로 잡초로 취급하여 관리하고 있다. 제주를 비롯한 전국의 도로변 및 길가에 관상용으로 인위 식재하거나 분포한다.

국내 주요분포

도시, 농촌, 어촌, 등 전국적으로 확산되어 있다.

관리방법

한 장소에 침입하여 기회가 좋으면 일시적으로 번성한다. 경작 후 방치된 장소와 같이 기존 식물들과 경합이 일어나지 않는 조건에서 우점하며 천이 초기에는 대표적인 경작지 잡초식물이다. 종자가 발아하고 생장하는데 햇빛 조건이 좋아야 하기 때문에 키가 큰 작물을 재배하거나 그늘 조건을 구성해주면 제초제와 같은 화학적인 방법이 필요 없이 효과적으로 망초의 우점을 방지할 수 있다.

주의사항

식물체는 인체에 상해를 입힐 수 있는 가시와 같은 구조가 없으며 독성에 관한 연구도 미비한 실정이다.

Cosmos sulphureus Cav.

노랑코스모스

Yellow cosmos

생물학적 특징

한해살이풀로 줄기는 40~100cm로 곧바로 서며 가지를 많이 치고 털이 없다. 잎은 마주나며 아래쪽의 것은 긴 잎자루가 있고, 2회 깃 모양으로 깊게 갈라지며 양면 모두 털이 없다. 위쪽의 잎은 잎자루가 거의 없으며 1~2회 깃 모양으로 깊게 갈라진다. 꽃은 7~9월에 주황색으로 피며, 열매는 약간 굽었으며 긴 부리모양의 돌기가 있고, 2개의 가시가 있다.

식별 | 코스모스의 잎이 실처럼 갈라지는 데 비해, 노랑코스모스는 두꺼운 돼지풀 잎과 비슷하며, 2회 깃 모양으로 깊게 갈라지고 줄기 끝에 피는 꽃은 지름 5~6cm로 주황색이어서 황금코스모스라고도 한다.

생태 | 주로 도로변이나 길가에 식재하는 관상식물이다.

유입과 확산

종자로 번식하며, 주로 바람에 의해 전파된다.

원산지와 유입경로 | 멕시코 원산으로 1930~1945년에 한국에 들어왔고 관상용 식물로 재배되고 있으며 일부 일출되어 야생화되었다.

외국의 확산사례 | 북아메리카, 일본에서 침입외래종으로 지정하고 있다.

국내 주요분포

제주를 비롯한 전국의 도로변 및 길가에 관상용으로 인위 식재하거나 분포한다.

관리방법

식재된 지역의 관리에 주의하여 일부 경작지에 침입하거나 잡초화하지 않도록 한다.

주의사항

주로 바람이나 사람, 동물에 의해 전파되므로, 이동시 주의를 요한다.

잎

코스모스

코스모스 생육지

Eupatorium rugosum Houtt.

서양등골나물

White snakeroot

꽃차례

생물학적 특징

여러해살이풀로 높이 30~100cm까지 자라며 거의 털이 없다. 잎은 마주나는데 2~6cm 길이의 잎자루가 있다. 8~10월에 숲에서 하얀 눈밭을 이루듯이 꽃이 피어나고 군락을 이루어 숲의 안쪽을 덮으며 확산된다. 뿌리에서 매년 새로운 개체가 자라나오나 종자 발아를 통한 번식도 활발하다.

식별 | 등골나물속의 다른 식물과 달리 잎자루가 길고 대부분의 등골나물속 식물의 꽃이 분홍 계통의 색을 띠는데 비해, 서양등골나물은 하얀 꽃이 숲의 하부식생을 눈처럼 덮어 쉽게 구분된다. 또한, 숲속의 반음지를 선호하여 자란다.

생태 | 대부분의 외래식물이 햇볕이 잘 드는 데서 자라는 것과 달리 서양등골나물은 숲의 가장자리나 안쪽, 또는 돌담이나 성벽 아래 등 그늘진 곳에서 무리지어 자란다. 밭과 밭 주변 그리고 길가 등지에 자라기도 한다. 짧은 뿌리줄기가 있으며 식물체 자체가 목질화되는 경향이 있다. 숲 언저리 하부에 침입하여 자연식생을 밀어내고 하부를 덮는다.

유입과 확산

종자에서 발아하며 원거리 확산은 종자 이동에 의한다. 자갈이 많은 숲이나 비옥한 토양 모두에서 잘 자란다. 숲 언저리나 숲 하부식생의 보전가치가 높은 지역에 침입하고 확산되는 경우에는 식생보전관리가 필요하다.

원산지와 유입경로 | 북아메리카 원산으로 우리나라에 유입된 시기와 경로는 명확히 알려져 있지 않으나 1978년 서울에서 처음 보고되었다. 서울과 경기 일대에 주로 분포한다.

꽃

열매

생육지

외국의 확산사례 | 미국에는 서부를 제외한 전역에 분포하며 캐나다 동부에도 분포한다. 남아메리카와 일본과 유럽 등에도 퍼져 있다

국내 주요분포

서울에 밀집된 분포지가 다수 나타나는데 남산, 난지도 하늘공원, 남한산성 일대, 부천 원미산 등의 숲으로 넓게 번져 들어가 하층 식생의 상당 부분을 점령하고 있다.

관리방법

도시의 산지나 공원과 숲은 서양등골나물의 전형적인 분포지역이다. 이들 지역의 생태계보전이 문제되거나 문제의 우려가 있는 경로를 따라 관리 대상지역을 정하는 것도 좋은 방법인 것으로 보인다. 야생동식물보호법에 생태계교란야생식물로 지정되어 있다. 서양등골나물은 5~6월에 걸쳐 손으로 뽑아 제거할 수 있다. 뿌리가 깊지 않아 쉽게 뽑힌다. 다만, 생산되는 종자의 수가 상당히 많기 때문에 종자 생산시기의 제거는 종자가 날리지 않도록 주의해야 한다.

주의사항

잎과 줄기에 독성이 있다고 알려져 있으나 뿌리는 독성이 약하고 외국에서는 'milk sickness'라는 병이 알려져 있으나 우리나라에는 아직까지 그 사례가 없다.

Helianthus tuberosus L.

뚱딴지

Jerusalem artichoke

생물학적 특징

여러해살이풀로 땅속에 덩이줄기가 달린다. 번식은 덩이줄기나 종자로 한다. 덩이줄기에서 나와 모여나는 줄기는 높이 1.5~3m 정도이고 전체에 약간의 털이 있다. 줄기에서 나는 잎은 아래에서는 마주나지만 윗부분에서는 어긋나며, 잎자루에는 날개가 있고 잎은 길이 7~15cm, 너비 4~8cm 정도의 타원형으로 끝이 뾰족하며 가장자리에 톱니가 있다. 꽃은 9~10월에 개화하며 가지 끝에 하나씩 달리고 지름 8cm 정도이다. 대롱 모양의 통상화는 갈색이고 혀 모양의 꽃은 황색이다. 수과는 해바라기의 씨와 비슷하나 작다. 뚱딴지는 아름다운 노란 꽃뿐 아니라 식용으로 사용되는 덩이줄기 때문에 재배되기도 한다. 상단에서 가지를 많이 치며 가지의 무게 때문에 땅에 쓰러지기도 한다. 먹을 수 있는 덩이줄기는 얇고 하얀 뿌리줄기로 땅 밑에서 만들어져 나눠지고 혹 모양이며 2.5~10cm 길이이다.

식별 | 돼지감자라고도 하며, 해바라기(*H. annuus*)의 꽃이 옆을 향하는 것과 달리 뚱딴지의 꽃은 보다 작고 하늘을 향하며 식용으로 활용하기도 하는 덩이줄기가 있다.

생태 | 유성생식(종자)과 무성생식(괴경)이 모두 가능하다. 재배할 경우 대부분 덩이줄기를 이

용한다. 식물체의 지상부는 겨울철에 기온이 급격히 떨어지면 모두 시들며 지하에 묻혀 있는 덩이줄기가 살아남아서 이듬해 봄에 지상으로 싹이 돋아나 생활환을 계속 이어나갈 수 있다.

유입과 확산

원산지와 유입경로 | 북아메리카의 1600년대 초, 초기 정착자들에 의해 도입되어 식용을 목적으로 재배되었고 국내 유입경로는 알려져 있지 않다.

외국의 확산사례 | 북아메리카와 캐나다의 숲 가장자리, 도로변을 따라 널리 자라고 있는데 식용으로 재배했기 때문에 원래의 고유 분포지역이 어디인지는 잘 알려져 있지 않다.

꽃봉오리

생육지

국내 주요분포

전국적으로 분포하며 집 부근에서 자란다. 배수가 잘 되는 지역이라면 어느 곳에서든 쉽게 자라며, 본래 식재된 지역에서 나와 확산이 잘 된다.

관리방법

덩이줄기와 전초를 사료용으로 사용하거나 바이오매스 연료(메탄, 수소로 만든 합성연료)로 활용하기도 한다. 정착하여 자라면 연간 지속적인 확산이 가능한 식물이다. 인위적인 식재를 줄이며 재배지를 벗어나지 않도록 주의해야한다.

주의사항

인체에 상해를 입히는 가시와 같은 구조가 없으며 독성에 관련된 정보는 알려져 있지 않다.

Hypochaeris radicata L.

서양금혼초

Cat's ear

생물학적 특징

여러해살이풀로 잎은 모두 땅 위에 붙어 자라며 잎 양면에 황갈색의 길고 거센 털이 빽빽하게 난다. 높이 30~80cm까지 자라며 한 개체에서 여러 개의 꽃줄기가 나오고 꽃줄기는 위에서 몇 번 가지치기도 하며 가지 끝에서 꽃이 피어난다. 민들레와 같이 노란 꽃이 가늘고 긴 줄기 위에 피는데 5월 전후에 집중적으로 꽃이 피고 새로 자라나온 식물체에서는 가을까지도 꽃이 핀다. 민들레 씨와 같이 둥글고 하얀 씨앗털이 있어 종자가 쉽게 날아간다.

식별 | 민들레(*Taraxacum platycarpum*)와 꽃과 잎 모양이 비슷하나 민들레는 잎에 털이 없고 꽃줄기가 약간 두툼하고 텅 빈 대롱 모양으로 키가 그다지 높지 않다. 서양금혼초는 잎에 털이 가득 나 있고 꽃줄기가 가늘고 길다.

생태 | 봄과 가을에 발생해서 뿌리 잎을 방사상으로 형성하고 봄에서 여름에 개화한다. 밭, 길가, 초지, 잔디밭, 황무지, 빈터 등 도처에서 자란다. 토양에 대한 적응성이 크며, 추위에 견디는 힘도 강하다. 종자 생산량이 많으며 생육이 빠르고 뿌리를 깊이 내리는 특성이 있다. 지난해 성장한 뿌리줄기(로제트)에서 집중적으로 발아하고 줄기를 이루며 자라는 특성을 보여 서양금혼

초가 한 번 자란 곳에서는 다른 식물의 침입이 어렵다. 잎이 땅에 붙어 자라므로 목초지에서 소와 같은 가축이 먹기 어렵다. 습한 곳이나 마른 곳을 가리지 않고 자라며 고산지대에서도 잘 자라고, 지표의 교란이 잦은 곳이나 초본 식생의 우점종으로 자라는 경우가 많다.

유입과 확산

서양금혼초는 방사상의 뿌리 잎(근생엽)으로 월동하여 다른 식물의 서식지를 점령하고, 바람에 쉽게 날려가는 씨를 많이 생산하여 확산성이 높다. 잔디밭이나 목초지 등에 침입하면 예초로

관리되는 풀보다 살아남는 정도가 높아 쉽게 번져 나간다. 다른 식물의 생육지에 높은 침입성을 보이는데 억새 군락지에도 들어가 이내 정착하고 확산세를 보이는 특성이 있다. 민들레보다 여러 배 높은 위치에서 종자가 달려 종자의 원거리 비산이 뛰어나다. 산불이 지나간 다음에는 뿌리줄기에서 신속하게 새싹이 돋아나온다.

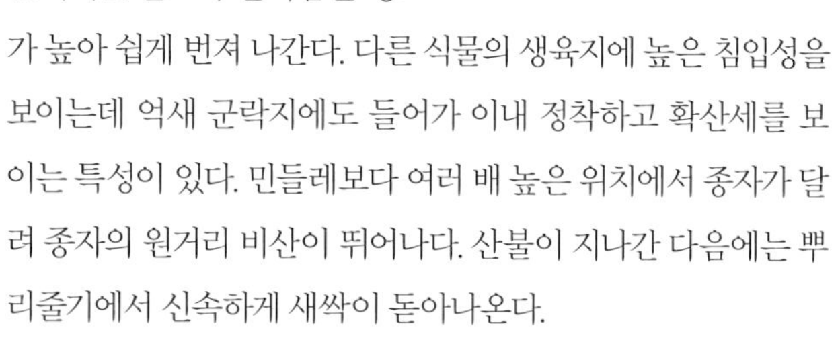

열매

원산지와 유입경로 | 유럽의 지중해 일대 원산으로 유럽경로는 알려져 있지 않다.

외국의 확산사례 | 하와이에서는 대표적인 침입성 외래종의 하나로 다른 식물이 드물게 자라는 화산재 위에서도 뿌리내리며 해발 2,800m 고지에서도 자란다. 뉴질랜드와 남아프리카공화국 등에서도 침입성 외래종으로 자리 잡고 있는데 유럽과 아시아를 포함한 세계 각지에 널리 자라고 있다.

줄기

국내 주요분포

우리나라에는 제주도의 도로변에 크게 번져 있고 목초지나 나지와 숲 언저리와 해안 등에도 많이 번져 있다. 내륙에는 대규모로 발생한 곳이 없으나 서해 연안을 따라서 산발적으로 나타나며 일부 국립공원에서도 출현하고 있어 확산초기 단계를 넘어서고 있다. 내륙에는 잔디 이식이나 묘지조성지 등에서 토양이나 잔디에 묻어온 서양금혼초 종자가 주요 전파경로가 되어 변산반도, 지리산, 덕유산 등의 국립공원 주변에도 들어가 있다. 이들 지역에 분포하는 것은 대부분 국립공원의 복원이나 조경사업에 활용되는 자재에 서양금혼초 종자가 혼입되어 정착한 것으로 보인다.

뿌리잎

생육지

생육지

관리방법

국립공원을 포함한 산지의 생태공원, 묘지 조성지나 사찰 정원과 같은 곳에서 이루어지는 잔디 조성이나 잦은 풀깎기 후 초기발생이 많아 주의가 요구된다. 넓게 확산된 지역에서는 그 지역을 중심으로 확산이 크게 이루어지므로 주요 보전지역이 가까이 있는 곳의 서양금혼초 대규모 군락지는 주의가 필요한 지역이다. 한라산이나 지리산의 1,000m 이상의 고지에서도 쉽게 정착하기 때문에 외래종 침입을 막아야 하는 지역에서는 지속적인 관찰과 초기대응이 필요하다.

주의사항

서양금혼초는 독성이 알려져 있지 않고 어린잎은 식용하기도 한다. 털이 피부를 찌르지 않고 접촉에 별다른 문제가 없다. 관리 후 제거지역에서 몸이나 소지품 또는 차량을 통해 종자가 묻어 다른 곳으로 전파되지 않도록 유의하여야 한다.

Lactuca scariola L.

가시상추

Prickly lettuce

생물학적 특징

한해살이 또는 두해살이풀로 줄기는 20~80cm이며 윗부분에 가지를 많이 친다. 잎은 어긋나며 장타원형으로 잎의 아래쪽은 귀 모양으로 줄기를 일부 싸며 가장자리에 작은 가시가 있고 뒷면 주맥 위에 가시가 줄을 지어 배열된다. 꽃은 7~9월에 황색의 혀 모양의 꽃으로만 이루어지며, 끝이 5갈래로 얕게 갈라진다. 열매는 뒤집힌 달걀 모양으로 담갈색이며 부리 모양의 돌기가 있다. 종자와 뿌리로 번식하며 주당 2,200~87,000립 정도의 종자를 생산한다. 봄에 발아하여 그 해에 생장 및 생식활동을 완료하는 한해살이 형태와 로제트 형태로 겨울을 지내고 이듬해에 생활환을 완성하는 두해살이 형태가 있다. 종자에는 관모가 달려 있으며 바람에 의해 널리 산포될 수 있다.

식별 | 식물체를 자르면 하얀 유액이 나온다는 점은 국화과에 속하는 몇 가지 식물과 비슷하나, 잎 뒷면 중앙맥에 가시가 있고, 잎 가장자리 톱니도 가시 모양을 가진 것으로, 다른 식물과 구별된다.

생태 | 가을에 발생하고 월동해서 다음해의 여름에서 가을에 걸쳐 개화한다. 밭, 밭둑, 길가, 초

지, 공터, 철도변, 하천변과 주로 도로변에 생육하며, 비옥한 곳을 좋아하고 비교적 건조한 토양에 많이 난다. 상추 가해 해충인 맵시고추밤나방의 애벌레가 가시상추에 서식하기도 한다. 상추에 발생한 나방을 제거하여도 경작지 주변에 가시상추가 서식하고 있으면 맵시고추나방이 있을 수 있으므로 또 다시 상추로 이동하여 피해를 입힐 수 있다. 어린잎은 샐러드용으로 식용하기도 하는데 식물체가 자라 특히 꽃이 필 때는 쓴맛이 난다.

유입과 확산

봄에 종자로 번식하며 상당히 빨리 발아한다. 전파는 비, 바람, 동물, 사람 등이 있으나 주로 바람에 의한 산포를 한다. 가시상추는 주로 새로 생긴 도로변을 중심으로 전국적으로 빠르게 확산되고 있다. 이러한 원인으로는 가시상추 종자에 달린 관모에 의해 널리 풍력산포가 가능하기 때문이다. 차량의 이동이 활발한 도로변의 개방된 장소는 가시상추의 종자가 확산되는 데 영향을 주고 있다. 가시상추는 하절기 35℃ 이상의 기온이 유지되는 조건에서 왕성한 광합성률과 이에 따른 성장과 개화가 지속적으로 이루어지므로 도로변과 같이 태양복사열이 집중되는 곳은 가시상추가 생장하고 번성하는 데 있어서 적절한 입지인 것으로 파악되고 있다.

잎

열매

원산지와 유입경로 | 유럽 원산으로 1980년에 처음으로 국내에 기록되었으며 목재, 곡류, 사료 등 해외교류물자에 섞여서 유입된 것으로 추측된다.

외국의 확산사례 | 유럽, 북아메리카, 아시아, 아프리카 등지에 분포한다.

국내 주요분포

가시상추는 서울, 인천, 경기도, 경상도, 전라도, 충청도 등 전국적으로 분포 및 확산되고 있다. 가시상추는 우리나라에 1978~1980년 조사에서 처음 기록된 것으로 보고되었으며 현재 중부지방 도로변을 비롯하여 전국의 도로변과 방조제, 항구, 하천변, 공한지 등에서 점차 그 영역을 확장하고 있다.

생육지

관리방법

주로 도로변 공터에 분포하며, 주변 밭으로 침입하여 월동작물 피해를 줄 수 있다. 가시상추는 짧은 생활환과 다수의 종자생산능력을 지닌 전형적인 선구성(pioneer) 식물이며 건조한 기후 조건에 견디는 능력이 큰 건생식물(xerophyte)이다. 이런 특징들로 인해서 가시상추는 국내뿐만 아니라 세계 각지의 경작지, 황무지, 도로변, 쓰레기터 등과 같은 수분스트레스가 자주 일어나는 교란된 입지에서 잘 관찰되고 있다. 관리가 필요한 지역에서는 종자산포 시기를 고려한 물리적 제거가 필요하다.

주의사항

잎 뒷면과 가장자리에 가시가 있지만 억세지 않아 인체에 피해를 줄 정도는 아니다.

Senecio vulgaris L.

개쑥갓

Common groundsel

열매

생물학적 특징

한해살이풀이며 식물체 전체에 가는 털이 있고 줄기는 속이 비었으며 높이 20~40cm이다. 잎은 깃 모양으로 불규칙하게 분열하며 길이 3~5cm로 아래쪽 잎은 주걱형이며 잎자루가 있고 위쪽의 잎은 잎자루가 없고 줄기와 닿는 부분에서 줄기 일부를 감싼다. 꽃은 4~10월에 피며 지름 6~8mm이고 황색의 꽃이 여러 개 모여나며 활짝 피어나지 않는 형태로 거의 1년 내내 핀다.

식별 | 쑥갓(*Chrysanthemum coronarium*)과 잎이 비슷하지만 쑥갓이 달걀 프라이 모양의 꽃 한 송이를 줄기 끝에 피우는데 비해, 우산모양 꽃차례로 여러 개 모여 피는 점이 다르다.

생태 | 밭, 길가와 빈터에서 흔하게 자란다. 자가수분을 하고 연중 꽃이 핀다.

유입과 확산

주로 바람에 의해 전파되며 비, 물, 동물과 새에 의해 퍼진다. 목초지에서 폐해가 심각하다고 알려져 있다.

원산지와 유입경로 | 유럽 원산으로 국내 유입경로는 알려져 있지 않으나 개체당 3만 8,000립의 종자를 생산할 정도로 많은 수의 종자를 생산하며 여러 차례 꽃이 피므로 쉽게 확산된 것으로 보인다.

외국의 확산사례 | 북아메리카와 아시아에 분포한다.

국내 주요분포

국내에는 개항 이후 이입되어 전국에 분포하고 있다.

관리방법

제초제 내성이 크고, 가축에 독성이 있다는 연구 보고가 있어 경작지 및 목초지에서는 유묘시기에 구별이 가능하면 뽑아내는 것이 좋다.

꽃

생육지

Solidago altissima L.

양미역취

Tall golden rod

생물학적 특징

여러해살이풀로 땅속줄기가 있다. 줄기는 높이 100~250cm로 단단하며 길고 거친 털이 있고 줄기 위쪽에서 많은 가지를 낸다. 잎은 어긋나며 아래쪽 잎은 짧은 잎자루가 있으나 위쪽은 잎자루가 없고, 잎가장자리에 톱니가 없다. 9~10월에 가지마다 작고 노란 꽃이 무리지어 핀다.

식별 | 양미역취와 외관이 비슷한 식물로 미국미역취(*S. serotina*)는 줄기와 잎에 털이 거의 없으며, 꽃은 7~8월에 개화하는 점이 다르다. 미국미역취도 북아메리카 원산의 외래식물이다.

생태 | 경지 주변, 길가, 주택지의 빈터, 하천부지, 제방, 철로변, 묵밭, 그리고 황무지 등 도처에서 생육한다. 번식력이 왕성하여 일단 침입한 곳에서는 급속하게 영역을 확대한다. 방사형 뿌리잎을 형성하여 월동한 개체는 이른 봄부터 생장하기 시작하여 늦가을에 꽃이 필 때에는 높이가 최고 3m 이상 자라기도 한다. 노란 꽃은 2~3mm 정도의 크기이고 개체당 2만 개까지도 종자를 생산하는데, 1mm 정도의 종자에 2~2.5mm의 가는 털이 많이 달려 있어 바람에 쉽게 날아간다. 주로 종자와 땅속줄기로 번식하며 종자에서 발생한 개체는 먼저 잎과 뿌리의 생장에 중점을 두며 그 다음에 줄기, 꽃 그

리고 땅속줄기의 생장으로 이어진다. 새로운 곳으로의 침입은 주로 종자에 의해 이루어진다. 수변지역이나 경작지 둑에 집중적으로 자라는 특성이 있는데 높은 키로 밀생하여 생육지에서 다른 식물의 생육을 방해한다. 하천변과 같은 곳에서 우점하는 다른 식물을 밀어내는데 수변지역의 생태계에 침입하여 변화를 초래할 수도 있다.

유입과 확산

원산지와 유입경로 | 북아메리카 원산으로 북위 65°의 캐나다 서부와 알라스카에서도 자란다. 유럽에는 관상화로 18세기에 도입되어 널리 분포하고 있으며 일본에도 널리 확산되어 위해잡초로 분류되어 있다.

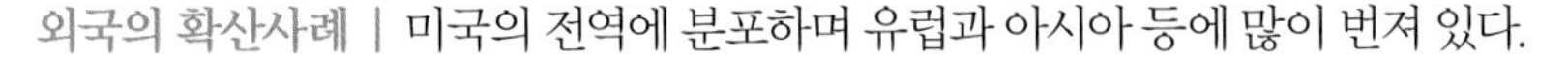
외국의 확산사례 | 미국의 전역에 분포하며 유럽과 아시아 등에 많이 번져 있다.

국내 주요분포

우리나라에는 남부지방에 주로 분포하나 중부지방에도 산재한다. 전남 순천의 동천 천변은 제방을 따라 양미역취가 대량 발생한 곳이며, 순천만까지 이어져 분포한다. 정읍, 김제, 부안의 동진강변에도 천변을 따라 길게 군락을 이루어 자라고 있으며, 강진, 해남 등에도 분포하고 있다. 중부에는 대규모로 발생한 곳이 없으나 철원까지 양미역취가 나타나는 것으로 보아 전국에서 발생 가능한 것으로 보인다.

관리방법

생태계교란야생식물로 지정되었으며, 양미역취의 재배지나 집단 분포지는 확산의 중심지가 된다. 양미역취의 넓은 분포로 인하여 수변생태계교란이 확인된 지역은 제거관리에 대한 결정과 그에 따른 조치가 필요할 것으로 보인다. 곤충에 의해 수분이 이루어지며 꽃이 대량으로 피어 양봉에 적합하고, 꽃이 아름다워서 조경 이용성도 높아 관리에 주의가 필요하다. 양미역취가 군락을 이루어 자라는 곳에는 대부분 다른 식물이 들어오기 어려울 정도로 밀생하고 있으므로 줄기를 베어내고 뿌리까지 뽑아내어 제거한다. 그러나 하천 제방과 같은 경사지역에서 제거작업을 수행할 때는 토양 유출이 없도록 주의한다. 제거 후에는 토양 속의 종자를 고려하여 지속적인 관리가 필요하다.

생육지(도로변)

주의사항

양미역취의 독성은 알려져 있지 않다.

Sonchus asper (L.) Hill

큰방가지똥

Annual sow thistle

생물학적 특징

한해살이풀로 줄기는 가운데가 비어 있으며 곧추서고 높이는 50~100cm이다. 새 깃 모양으로 갈라진 잎은 어긋나며 잎가장자리는 크기가 크고 불규칙한 톱니 모양이며 잎의 아랫부분은 둥글게 줄기를 감싼다. 5~10월에 노란색으로 피는 꽃은 지름이 약 2cm로 혀 모양의 설상화로만 이루어져 있으며, 꽃자루에는 선모가 있다. 열매는 2.5mm 정도의 크기이며 세로로 맥이 있고 여러 개의 관모가 있으며 흰색이다.

식별 | 방가지똥(*S. oleraceus*)과는 달리 잎가장자리가 불규칙한 톱 모양이며, 잎의 아랫부분은 줄기를 감싸고 있다.

생태 | 주로 가을부터 이듬해 봄까지 발생이 이루어지며 조건이 좋은 곳에서는 연중 발생하기도 한다. 여름부터 가을에 걸쳐 꽃이 피어 자가수정하며, 늦가을에 열매를 맺는다. 경작지 주변, 길가, 잔디밭, 공터 등에서 자라며, 다소 습한 땅이나 물가 등에서도 볼 수 있다. 다양한 토양환경에서 적응성이 크나 모래질의 땅보다는 점토나 양분이 충분한 땅에서 생육이 활발하여 지표면을 덮는다.

잎

꽃

생육지

방가지똥

유입과 확산

종자로 번식하고 비, 바람, 동물, 인간의 활동 등에 의해 전국으로 전파되며 열매는 바람에 잘 날리는 구조로 이루어져 있어 멀리까지 확산될 수 있고 물에 가라앉지 않고 쉽게 뜨는 성질이 있다. 또한 훼손된 지역에 먼저 침입하여 빠른 속도로 퍼지는 선구식물의 역할을 하며 많은 종자를 생산한다.

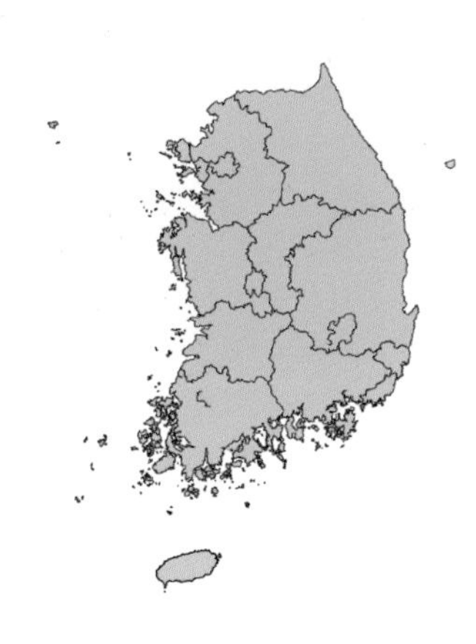

원산지와 유입경로 | 유럽 원산으로 지리적으로 유럽, 아메리카, 북아프리카, 아시아에 분포한다.

외국의 확산사례 | 호주, 브라질, 캐나다, 미국, 칠레, 프랑스, 뉴질랜드 등에 유입되었고, 아프리카에서는 샐러드 등으로 식용되기도 하며, 마다가스카르와 지중해 지역에서는 뿌리와 줄기, 잎, 식물의 즙 등을 상처, 천식, 기관지염, 위장병 등에 약용으로 이용하기도 한다.

국내 주요분포

우리나라의 길가나 경작지 주변 등 전국에 고루 분포한다.

관리방법

좁은 면적 또는 제한된 장소에서 확산된 경우 열매를 맺기 전에 전체를 뽑아주는 것이 효과적이며, 이때 땅속에 뿌리가 남지 않도록 제거해야 한다. 꽃이 피고 난 뒤에 마구 베어내는 것은 자칫 확산을 일으킬 수 있으므로 주의해야 한다. 경작지에서는 자주 땅을 솎아주는 방법을 이용하여 성장을 억제시킬 수 있으며, 호주나 유럽의 경우에는 곰팡이와 같은 균을 이용한 생물학적인 방제가 연구되기도 한다.

주의사항

호주 남부에서는 경작지와 겨울 작물의 피해가 심각하며, 캐나다에서는 여름철 작물에 피해를 주는 세균과 바이러스의 숙주로 문제가 되고 있다.

Tagetes minuta L.

만수국아재비

Marigold, Southern marigold

생물학적 특징

한해살이풀로 높이는 20~100cm이고 줄기에 털이 없이 곧추선다. 잎은 깊게 5~15개의 깃 모양으로 갈라지며 마주나거나 어긋난다. 갈라진 잎 조각은 침 모양이며 선점이 흩어져 있다. 꽃은 7~9월에 피고 원기둥 모양의 두화는 가지 끝에 산방꽃차례를 이룬다. 설상화는 2~3개이고 황색이며 대롱 모양의 통상화는 3~5개이다. 선형의 열매는 크기가 약 7mm 정도이고 흑갈색이며 털이 있다.

식별 | 만수국(*T. patula*)과 비교하여 키가 크고 잎의 조각은 보다 좁고 길며 여러 개의 작은 꽃이 가지 끝에서 산방꽃차례를 이루는 차이점이 있다.

생태 | 매우 많은 수의 종자를 생산할 수 있다. 또한 식물체에서 다른 식물의 성장에 방해가 될 수 있는 물질을 배출하여 주변의 다른 식물이 자라는 것을 방해하기도 한다. 주로 해안 지역에 분포하고 있으며, 산불이 발생했던 지역이나 대규모의 벌채가 이루어졌던 지역에서 많은 수가 빽빽하게 자란다. 또한 크고 빽빽하게 많이 자란 지역에서는 자생하고 있는 식물들과 경쟁하여 자생식물들이 자라는 것을 방해하기도 한다.

유입과 확산

종자로 번식하고 비, 바람, 동물, 인간의 활동 등에 의해 전국으로 전파되며 주로 동물이나 인간의 몸에 붙어 확산된다. 우리나라에서는 1964년 이후 유입된 것으로 보고되었으며 남부 해안지역을 중심으로 서해안을 따라 수도권까지 분포하고 있다. 주로 도로 인근 나지, 마을 공터에 분포하며 군락을 이루기보다는 산재하여 분포하고 있다.

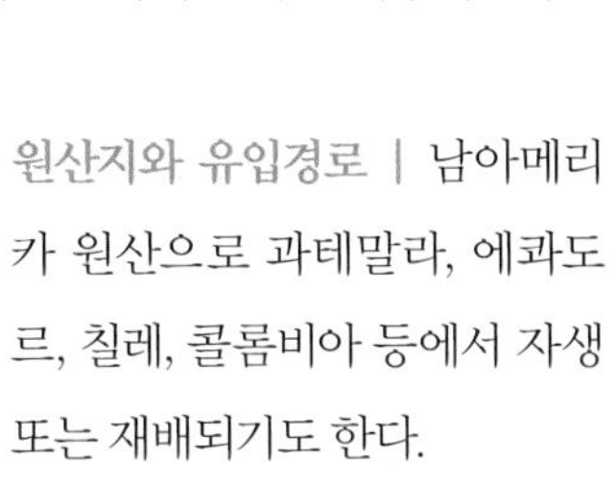

원산지와 유입경로 | 남아메리카 원산으로 과테말라, 에콰도르, 칠레, 콜롬비아 등에서 자생 또는 재배되기도 한다.

외국의 확산사례 | 미국의 하와이를 비롯하여 호주, 뉴질랜드에 확산되었으며 하와이에서는 높은 위험의 침입외래종으로 관리되고 있다.

꽃

생육지

만수국

국내 주요분포

강원도, 경상북도, 경상남도, 전라남도, 충청남도 등 전국의 해안 인접지역으로 분포 및 확산되고 있다. 주로 나지에 산재하는 경우가 많고, 특히 경상도의 해안지방에 가장 많이 분포하며, 전라남도와 남쪽의 도서지방에서부터 충청도의 서해안을 따라 인천까지 분포하고 있다.

관리방법

많은 수의 종자를 생산하며 확산되기 때문에 한번 정착한 지역에서는 제거가 어려우며 운송수단의 타이어 등에 묻어 도로를 따라 확산되기도 한다. 제거를 위해서 넓은 지역에서는 제초제를 사용하기도 하나 주로 손으로 식물 전체를 뽑거나 열매를 맺기 전 꽃을 자르는 등의 물리적인 방법으로 제거하고 있다.

주의사항

민감한 체질인 사람은 식물체를 피부에 접촉하는 것으로도 접촉성 피부염을 일으키는 것으로 알려져 있으나, 아직까지 동물 또는 인체에 대한 위해성은 알려져 있지 않다.

Taraxacum officinale Weber

서양민들레

Common dandelion

생물학적 특징

여러해살이풀이다. 땅에 붙어나는 근생엽은 파상거치 형태이며 길이는 7~25cm, 나비는 1.5~6cm이고 잎의 끝이 뾰족하거나 뭉툭하다. 꽃은 3~9월 사이에 볼 수 있으며 꽃대의 속은 비어있고 환경에 따라 꽃대의 높이가 5~50cm 정도까지 변할 수 있다. 꽃색은 노란색을 띠고 있으며 설상화 150~200개가 모여서 난다.

식별 | 민들레 종류는 형태적 변이가 심하게 일어나는 종이므로 구별할 때 주의가 필요하다. 민들레(*T. platycarpum*)의 외포편은 뒤로 눕지 않는 반면, 서양민들레와 붉은씨서양민들레(*T. laevigatum*)의 외포편은 눕기 때문에 구별 가능하며 서양민들레의 종자색은 갈색을 띠며 붉은씨서양민들레의 종자는 적색, 적갈색을 띠므로 구분 가능하다.

생태 | 식생이 온전하게 유지되지 않는 잔디밭, 길가, 나지와 같이 개방된 공간에서 흔하게 발견되며 자연생태계가 잘 보전되는 지역에서는 볼 수 없다. 한 개체에서 생산되는 종자는 250~7,000개에 달하며 관모가 달려 있어서 바람이 불면 멀리까지 확산이 가능하다. 또한 무성생식도 가능한데 뿌리 부분이 새로운 개체로 성장할 수 있다.

유입과 확산

원산지와 유입경로 | 원산지는 유라시아대륙으로 현재는 미국, 뉴질랜드, 호주, 인도, 일본 등에 퍼져 있다. 국내에는 1911~1945년 사이에 유입된 종으로 알려져 있다. 전국적으로 흔하게 볼 수 있으며 잔디밭, 길가, 하천 제방 등의 개방된 공간에서 생육한다. 유럽에서는 식용식물로 이용하기도 한다. 국내의 경우 물류 수송과정에서 이입되어 확산된 것으로 여겨진다.

외국의 확산사례 | 원예용, 약용, 식용 등과 같이 의도적인 도입과 물자수송과 같은 비의도적인 도입에 의해서 현재는 미국, 뉴질랜드, 호주, 인도, 일본 등의 나라에 광범위한 확산이 이루어진 상태이다.

국내 주요분포

제주도를 포함한 전국에 분포하고 있다.

서양민들레

산민들레

관리방법

도시에서도 강인하게 생명력을 이어갈 수 있는 식물이다. 연중 개화 및 종자발생기간이 길고 종자확산능력이 뛰어나며 무성생식도 가능하기 때문에 공원 잔디밭과 같은 넓은 공간에 들어와 확산되면 완전한 제거가 어려운 식물이다. 제초제를 사용하지 않는 생태적인 관리방안은 높은 피도와 밀도로 잔디를 관리하여 서양민들레가 침투하기 어렵게 하거나 종자의 경우 태양광이 발아에 중요한 영향을 미치므로 인공적인 차광시설을 설치하여 새로운 개체가 생장하는 것을 막을 수 있다.

주의사항

요즘 '민들레' 라는 한글명을 사용하며 시중에 차, 음료, 채소 등 웰빙식품으로 인기가 높다. 하지만 모두 토종 민들레는 아니며, 서양민들레도 포함되어 있다. 서양민들레도 식용 가능하지만 제초제, 대기오염, 토양오염 등에 빈번하게 노출되는 장소에서 주로 생육하므로 식물체가 오염되어 있을 가능성이 높다. 따라서 위생적인 재배환경에서 기른 것인지 확인하고 구입하여야 하며 야외에서 채취하여 식용으로 이용하는 것은 자제하는 것이 바람직하다.

Tragopogon dubius Scop.

쇠채아재비

Goat's-beard

꽃

생물학적 특징

한두해살이풀로 뿌리는 직근이며 줄기는 높이 30~100cm로 가운데가 비어있고 하얀색의 액을 가지고 있다. 잎은 어긋나기 잎차례로 선 모양이며 길이 20~30cm이고 잎의 아랫부분은 줄기를 반쯤 둘러싸며 끝부분은 뾰족하다. 5~6월에 가지 끝에 커다란 노란색의 꽃을 피우며 꽃차례를 둘러싼 작은 조각은 종 모양으로 길이 4cm이고 같은 모양의 조각 8~13개가 1줄로 배열된다. 열매는 길이 20mm 정도이고 가는 방추형으로 능선 위에 작은 돌기물이 있으며 관모는 백색으로 깃 모양으로 갈라진다. 종자로 번식하며 종자의 생산량은 개체당 130~330립이고 종자의 전파는 비, 바람, 동물 그리고 사람에 의한다.

식별 | 쇠채(*Scorzonera albicaulis*)와 비슷하나 쇠채는 꽃차례를 둘러싼 조각이 5~7열로 크기가 각각 다르고, 노란꽃이 꽃차례를 둘러싼 조각보다 긴 것이 다르다. 쇠채아재비는 노란 꽃 아래의 꽃자루가 넓적하고 꽃차례의 조각이 8~13개로 모양과 크기가 비슷하면서 1줄로 배열된다.

생태 | 밭과 밭둑에서 발생하나, 일부 지역의 도로변과 공터에서 생육한다. 해뜰 무렵 꽃이 피

고, 한낮에는 꽃을 오므리는 습성이 있다. 침입 초기에는 초본층에 드문드문 자리를 잡다가 점차 높은 밀도로 초본층을 잠식하여 자생종에 영향을 미치며, 목장에서는 초식동물이 섭식을 꺼려하고 여러 종류의 수분곤충을 끌어들여 목초 생산에 영향을 미치기도 한다. 가을에서 다음해 봄에 걸쳐 발생하고 여름에 개화한다. 햇빛이 잘 들고 비교적 건조한 곳에서 잘 자라며, 특히 사토나 사양토에서 생육이 왕성하다.

유입과 확산

종자로 번식되는데, 꽃이 지고 나면 양파 크기의 풍성한 씨앗털을 단 종자가 동그랗게 매달려 바람, 비, 동물 그리고 사람에 의해 확산된다.

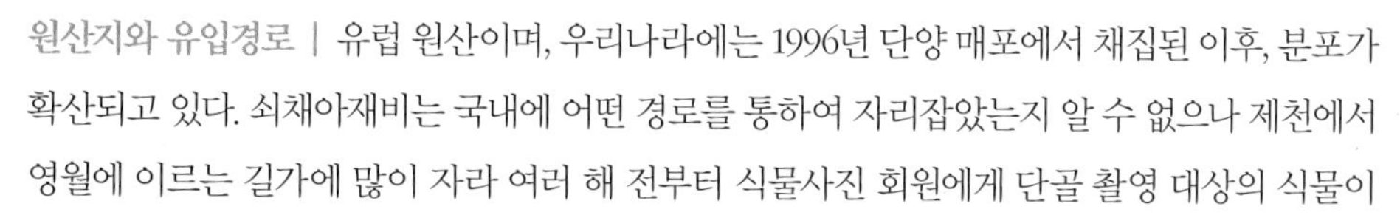

원산지와 유입경로 | 유럽 원산이며, 우리나라에는 1996년 단양 매포에서 채집된 이후, 분포가 확산되고 있다. 쇠채아재비는 국내에 어떤 경로를 통하여 자리잡았는지 알 수 없으나 제천에서 영월에 이르는 길가에 많이 자라 여러 해 전부터 식물사진 회원에게 단골 촬영 대상의 식물이 되기도 했던 점으로 보아 꽤 오래 전부터 그 자리에 정착했던 것으로 보이며 경부고속도로 축을 따라 확산되는 경향을 보였다.

외국의 확산사례 | 아메리카, 아프리카, 서아시아 등에 귀화되었다.

열매

생육지

국내 주요분포

우리나라에는 서울 여의도 샛강, 고양, 오산, 단양, 제천, 강원 영월, 창녕 등지에서 분포한다. 쇠채아재비는 분포지역 내에서 도로변에 높은 밀도로 정착하고 있으나, 아직까지는 국내 생태계에 미치는 영향은 눈에 띄지 않는 것으로 추정된다. 제천과 대구에서는 일부 소규모 개체군이 도로변을 벗어나 마을 내부까지 침입하였으나 전체적으로는 확산문제를 야기하고 있지 않다. 다만 국화과 식물로 종자 생산량이 많으며 전파성이 높은 종으로 차량의 이동량이 많은 경부고속도로변에 집중 분포하므로 차량운행에 따라 일어나는 바람 등에 따라 정착지가 크게 늘어날 가능성이 있다.

관리방법

쇠채아재비는 확산상태가 아니나 경부고속도로와 인접도로를 통해 어떻게 확산되어 나가는지에 대하여 개화시기에 맞춘 부정기적인 모니터링이 필요한 것으로 보인다.

Verbesina alternifolia Britton

나래가막사리

Yellow iron weed

열매

생물학적 특징

여러해살이풀이며 줄기는 120~250cm로 날개가 있고 상부에서 가지를 친다. 잎은 어긋나나 아래쪽은 마주나며, 잎자루가 없거나 짧은 잎자루가 있다. 잎 양면이 거칠고 표면에 비늘 모양의 털이 있다. 8~9월에 황색꽃이 피며 열매는 1개의 종자를 가진 수과로 넓은 날개가 달리며 연모가 있고, 관모(갓털)는 2개의 망으로 변하였다.

식별 | 잎의 아래쪽이 줄기로 흘러 줄기에 날개가 형성되며 두화에 혀 모양의 꽃이 반쪽 정도만 붙고 열매에 넓은 날개가 달리는 특징이 있으며, 이러한 특징을 따라 나래가막사리라는 이름이 붙었다.

생태 | 수분이 많은 토양을 선호하며, 주로 산간 도로변, 하천, 계곡부 등에 분포한다. 산간 계곡부의 경우, 일조량이 평지보다 적으며 주변에 수관층이 우거진 조건에서도 잘 자라 나래가막사리가 음지 내성도 있음을 나타내고 있다. 지하부의 뿌리로 월동이 가능하며, 식물생장기에 해당하는 봄, 여름에 지상부가 돋아나와 생장 및 생식 활동을 한다. 종자에는 넓은 날개가 달려있어서 바람에 의한 확산이 가능하다. 식물체는 2m 이상의 높이까지 자랄 수 있으며 태양광이 직접 내리쪼이는 장소부터 나무들이 자라고 있는 반그

늘장소까지 자랄 수 있으므로 보다 다양한 지역에서 자생식물 종과 경쟁관계에서 자란다.

유입과 확산

뿌리와 종자에 의한 확산방법이 알려져 있다. 그러나 생육하는 지역에 어떻게 들어가 정착하는지에 관해서는 알려진 바가 없으며 북아메리카나 일본의 경우 관상용으로 도입하였다가 자연 생태계로 확산되고 있는 것으로 보고되고 있으므로 국내 분포도 이와 비슷한 경우일 것으로 여겨진다.

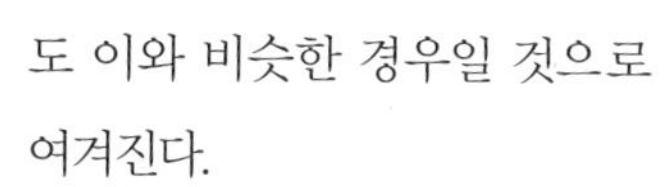

줄기

꽃

생육지

원산지와 유입경로 | 북아메리카 원산으로 정확한 유입경로에 대해서는 알려진 바가 없다.

외국의 확산사례 | 북아메리카 일부 지역을 제외하고는 세계적인 분포확산 정보가 명확히 알려져 있지 않다.

국내 주요분포

1988년 경남 함안 질날벌 주변에서 발견되어, 현재는 서울, 경기, 강원, 충청, 경상, 전라 등 전국의 산지공원, 도로변, 하천습지 등에 분포하고 있다.

관리방법

나래가막사리는 긴 생활환을 가지고 있고, 많은 종자를 생산하는 식물이다. 또한, 양지에서 반음지까지 생존할 수 있다. 따라서 개방된 도로변이나 하천 제방뿐 아니라 식생이 비교적 양호한 생태계보전지역의 문턱까지도 침입해 있다. 본 식물의 생육환경이 양호하게 되면 식물체는 군락을 이루어 밀집하여 자란다. 식물체의 키가 커서 하층의 자생식물 종다양성을 감소시킨다. 나래가막사리가 밀집 분포하여 문제가 되는 지역의 경우, 뿌리를 포함한 식물체 전체를 제거해야 하며 종자가 형성되기 전에 뽑아내는 것이 보다 효과적이다.

주의사항

일부 경작지에 침입하는 경우 확산되지 않도록 초기에 제거해야 한다.

Xanthium strumarium L.

도꼬마리

Cocklebur

©박수현

열매

생물학적 특징

한해살이풀로 높이는 50~150cm까지 자란다. 줄기의 표면은 거칠고 녹색이지만 흑자색 반점이 있다. 잎은 어긋나며 달걀형 또는 넓은 달걀형으로 3개의 뚜렷한 맥이 있다. 잎자루는 3~10cm로 길게 달린다. 꽃은 8~9월에 피며 가지나 줄기 끝에 달린다. 수꽃은 둥글고 꽃차례의 끝에 달리며 암꽃은 수꽃의 밑부분에 달린다. 1개의 씨를 가진 수과의 표면에는 동물에 부착되기 쉬운 갈고리 구조를 한 가시가 있다.

식별 | 국내에는 도꼬마리, 큰도꼬마리(*X. canadense*), 가시도꼬마리(*X. italicum*) 등이 있다. 도꼬마리는 다른 두 종에 비하여 꽃차례를 둘러싸고 있는 작은 조각이 타원형으로 1~2mm의 비교적 작은 가시가 엉성하게 있으므로 쉽게 구분가능하다. 큰도꼬마리는 꽃차례를 둘러싸고 있는 작은 조각의 가시가 3~6mm이고, 가시도꼬마리는 4~7mm이며 가시에 비늘 모양 가시가 있다.

생태 | 도로변, 나지, 주거지 주변, 쓰레기터, 도랑, 강둑, 경작지, 목장 등의 환경에 주로 나타나고 건조에 대한 내성이 있다. 바람에 의해 타가수분이 이루어지지만 자가수분을 주로 하는 것으로 알려져 있으며 한 개체당 400~500개 정도의 종자를 생산한다. 사람의 옷, 짐승의 털에 붙

열매

큰도꼬마리

큰도꼬마리 열매

가시도꼬마리 열매

어서 종자가 이동하고 하천변에 나타나는 도꼬마리의 경우는 물에 의해 이동할 수 있으며 최대 30일까지 물 위에 뜬다. 진흙성분이 많은 토양부터 모래성분이 많은 토양까지 나타나며 특히 모래성분이 많은 하천변에서 자주 볼 수 있다. 침수에 대한 내성이 있다.

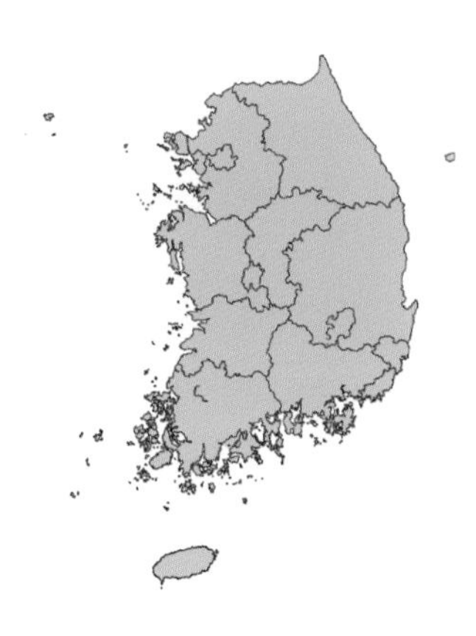

유입과 확산

원산지와 유입경로 | 아시아 대륙이 원산이며, 국내에는 오래 전에 귀화된 종으로 알려져 있다. 사람의 의복이나 동물의 털에 붙어서 유입된 것으로 추정된다.

외국의 확산사례 | 세계적으로 분포하지만 온대 지역에 집중되어 있다. 특히 북아메리카, 인도, 호주 등의 나라에서는 심각한 피해를 주는 식물로 알려져 있다.

국내 주요분포

전국적으로 분포하고 있으나 주로 북부 지방에 많이 나타나는 것으로 알려져 있다.

관리방법

가축을 키우는 목장에 도꼬마리가 침투하면 동물의 몸에 붙어서 사방으로 퍼지는 원인이 되며 양과 같은 동물에 붙으면 양모를 엉키게 하여 상품가치를 떨어뜨리게 만든다. 예초작업을 하여도 식물 전체를 뽑지 않으면 다시 자라나서 피해를 주므로 종자가 형성되기 전 시기에 뿌리까지 손으로 뽑아서 제거하는 것이 효과적이다. 종자는 불에 약하므로 불로 태우는 방법도 좋지만 안전사고가 일어나지 않도록 주의해야 한다.

주의사항

식물체에는 독성이 있으며 특히 종자와 떡잎에 밀집되어 있다.

Bromus tectorum L.

털빕새귀리

Drooping brome

생물학적 특징

한두해살이풀로 높이는 30~60cm이고 식물체 전체에 연한 털이 있다. 잎집은 원통형으로 밑을 향한 털이 밀생하며 잎새는 길이 5~12cm로 양면에 털이 있다. 잎혀는 막질이며 높이 3~5mm이다. 꽃은 5~7월에 피고 원추꽃차례의 길이는 10~15cm로 끝이 늘어진다. 작은 이삭은 길이 1.2~2cm로 좁은 장타원형이고 5~8개의 소화로 이루어진다.

식별 | 까락빕새귀리(*B. sterilis*)와는 형태상 매우 닮았으나 줄기와 잎에 많은 연모가 있는 점이 다르고, 민둥빕새귀리(*B. tectorum* var. *glabratus*)와 달리 이삭껍질과 꽃의 겉껍질의 등 쪽에 긴 털이 있다.

생태 | 털빕새귀리는 보통 봄에서 가을에 걸쳐 발아하여 겨울을 나고, 봄 또는 이른 여름에 걸쳐 꽃이 핀다. 경작지, 길가, 제방, 빈터, 방목지, 목초지, 수원지 등에서 자라며, 따뜻하고 햇빛이 잘 드는 비옥한 땅을 좋아하고 사토-양토에서 많이 볼 수 있다. 마른 땅이나 알칼리성 토양에도 잘 적응한다. 광범위하게 옆으로 뻗는 뿌리는 중요한 생존 전략의 하나이고, 수정이 이루어진 후 꽃차례는 전체적으로 자주색으로 변한다.

유입과 확산

털빕새귀리는 주로 하천변과 도로변을 따라 띠를 이루며 길게 분포하며 경작지 및 밭 주변에도 침입한다. 종자번식을 통해 많은 수의 종자를 생산하며 길을 따라 바람, 동물, 사람 등에 의해 확산된다.

원산지와 유입경로 | 유럽 원산으로 1960년대 우리나라에 들어 왔으며 정확한 유입경로는 확인된 바 없다.

외국의 확산사례 | 북아메리카, 유라시아 등지에 귀화되어 자란다. 미국과 캐나다에서 침입위해잡초로 관리되고 있으며, 목초지 등에 대량으로 발생해 피해를 입히고 있다.

국내 주요분포

울릉도를 포함한 중·남부 각지의 경작지, 도로변, 하천변 등에 자라고 있다.

관리방법

주로 도로변을 따라 길게 분포하는데 주변 농경지나 밭으로 침입 가능성이 있으며, 월동이 가능한 식물로 전초를 제거하는 것이 바람직하고 종자를 통한 확산에 유의해야 한다.

주의사항

인체에 특별한 해는 없는 것으로 알려져 있다.

생육지

긴까락빕새귀리

까락빕새귀리

Dactylis glomerata L.

오리새

Cock's foot

꽃차례

생물학적 특징

여러해살이풀로 크기는 50~120cm이다. 줄기는 곧게 서며 3~5개의 마디를 가지고 있다. 잎은 어긋나며 연한 녹색을 띠고 손으로 만지면 부드럽다. 잎혀는 막질로 길이는 7~12mm이다. 개화기는 6~7월이며 꽃차례는 원추꽃차례를 이룬다. 꽃은 연한 녹색이며 꽃차례의 길이는 10~30cm, 작은 이삭은 가지 끝에서 뭉쳐난다.

식별 | 다발 형태로 뭉쳐 자라며 잎이 편평하고 연한 녹색인 점에서 일차적 식별이 가능하며 잎혀가 막질로 세모진 점과 원추꽃차례의 형태로 이차적 식별이 가능하다.

생태 | 세계적으로 넓은 기후대에 적응하여 분포하고 있다. 오리새는 건조한 토양조건은 물론, 수분이 많은 토양 조건에서도 잘 자라며, 홍수의 범람에 의해 침수되더라도 오랜 기간 생존할 수 있는 수분 내성이 강한 식물이다. 비탈면 경사지나 반음지, 아주 건조한 지역 등에서도 생존 가능하고 비옥한 토양 조건에서 왕성하게 생장한다. 뿌리는 수염뿌리를 형성하여 튼튼하고, 토양 내에 넓은 공간을 차지하므로 같은 서식지 내의 다른 종들과의 경쟁에서 우위를 차지하기도 한다.

유입과 확산

원산지와 유입경로 | 유럽, 서아시아 원산의 식물로 세계적으로 북아메리카, 남아메리카, 시베리아, 중국, 일본 등지에 퍼져 있으며 국내에는 1876~1910년 사이에 유입된 종으로 알려져 있다. 유럽에는 초식동물의 목초로써 이미 오래 전부터 사용되었다. 국내의 경우, 목초지나 주변 길가에서 자라고 있는 것은 인근 목장에서 가축의 사료용으로 들여온 것이 자연 상태에서 자

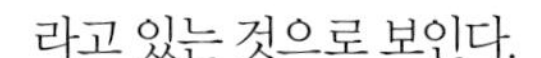

라고 있는 것으로 보인다.

줄기

외국의 확산사례 | 북아메리카, 뉴질랜드, 호주 등의 나라에서는 현재에도 건초, 사료용으로 재배하며, 이러한 이유로 인하여 습지, 하천변, 도로변, 삼림, 목장, 해안가 등의 인근 야생에 자라고 있다.

국내 주요분포

도로변, 공터 등지에 전국적으로 분포하고 있다.

관리방법

큰 규모의 우점군락형태로 나타나는 경우는 드물지만, 다양한 서식환경 조건에서 살거나 번식이 가능한 식물이므로, 한 지역에 정착하면 계속 자연식생에 영향을 줄 수 있다. 목초용이나 사방공사용으로 사용할 경우, 생태경관보전지역이나 습지보호지역 등 보전가치가 높은 생태계로 오리새의 종자나 식물체가 이동되지 않도록 방지하는 것이 필요하다.

주의사항

오리새의 꽃가루가 날릴 무렵에, 꽃가루에 민감한 사람의 경우 알레르기 반응을 일으킬 수 있으므로 주의가 필요하다.

Festuca arundinacea Schreb.

큰김의털

Tall fescue grass

생물학적 특징

여러해살이풀로 원줄기는 뭉쳐나며, 높이 40~180cm로 곧게 자란다. 꽃이 필 때는 잎이 옆으로 퍼진다. 겨울에도 푸른 잎에는 털이 없으며, 꽃은 6~8월에 피고 원뿔모양꽃차례는 곧게 서거나 조금 기울어진다. 한마디에서 2개의 가지 모양을 내며 하나는 길고 하나는 짧은 형태로 꽃을 피운다.

식별 | 자생종인 김의털(*F. ovina*)은 큰김의털에 비해 작게 자라며, 잎의 폭도 좁다.

생태 | 가을에서 다음해 봄에 걸쳐 발생하고 봄에서 여름에 걸쳐 개화한다. 밭, 밭둑, 길가, 초지, 운동장, 뜰, 빈터, 하천부지, 황무지 등지에서 자란다. 햇빛이 잘 드는 곳으로서 비옥하고 수분이 풍부한 토양을 좋아하며 목초, 잔디, 수원지의 피복식물, 토양침식방지, 반건조지의 식생회복 그리고 종실채취 등의 목적으로 이용되고 있으나 목초로서는 질이 떨어진다. 벌레와 균류의 기주이다.

유입과 확산

빠른 성장과 높은 번식력으로 국내 전역으로 퍼져 나갔다. 도로변 등에서 큰김의털이 띠 모양으로 나타나기도 하며 습지 등 보전이 필요한 생태계에서도 관찰된다. 다발로 자라기 때문에 안정적인 개체군 유지에 적합하며 대량의 종자 생산이 뒷받침되어 신속한 확산에 유리하다.

원산지와 유입경로 | 유럽 원산이며, 우리나라에는 토양 침식 방지용으로 또는 목초로서 재배하던 것이 일부 자연생태계로 확산되었다.

외국의 확산사례 | 북아메리카에도 귀화되어 있으며, 일본에서 요주의 외래생물로 지정하여 관리하고 있다.

꽃

국내 주요분포

제주도 한라산의 산간도로변에도 큰김의털이 널리 자라고 있으며, 우리나라 많은 지역의 도로비탈면과 도로변을 따라 널리 분포한다.

생육지

관리방법

보전가치가 높은 산지형 습지나 수변식생을 밀어내는 경우에 문제가 될 수 있다. 목초지나 절개지 또는 도로변을 따라 전파되고 전국에서 많이 식재되거나 대량으로 자라는 지역 등이 있어 이들 지역에서 다른 지역으로 전파되고 확산되는 양상을 관찰하면 큰김의털이 확산되어 나타나는 생태계 피해를 억제할 수 있을 것으로 보인다.

꽃차례

주의사항

사람에 대한 알레르기나 독성은 없으나 균류가 감염된 개체는 동물성장을 억제하는 알칼로이드가 있는 것으로 보고되어 목초로 사용하거나 감염된 종자의 외부확산에 대한 주의가 필요하다. 냉습한 지역에 잘 자라며 건조에 대한 내성도 높아 산지형 습지와 수변생태계에서는 침입에 대한 예방이 필요하며 이미 분포하는 지역에서는 선별적 제거가 필요하다.

Lolium perenne L.

호밀풀

Ryegrass

꽃

생물학적 특징

여러해살이식물로 여러 개의 줄기가 모여 나며 높이는 30~90cm이다. 잎은 길이 3~ 20cm, 너비 2~6mm이며, 잎집은 둥글고 아래쪽에 귀 모양으로 줄기를 감싸며 높이 1~2mm의 잎혀도 있다. 꽃은 6~9월에 피며 수상꽃차례는 길이 10~25cm이고 2줄로 작은이삭이 배열된다. 작은이삭은 장타원형이고 자루가 없으며 담록색으로 길이는 0.7~2cm이고, 6~14개의 소화로 이루어진다. 이삭껍질은 작은이삭의 1/2 길이이며, 5 ~7맥으로 영존성이다. 꽃의 겉껍질은 장타원형으로 등 쪽이 둥글고 5맥이 있으며 까락은 없다. 내영은 꽃의 겉껍질과 길이가 같다.

식별 | 전체적으로 쥐보리(*L. multiflorum*)와 비슷하나 꽃의 겉껍질에 까락이 없으면 호밀풀로 구분한다.

생태 | 가을에서 다음해 봄에 걸쳐 발생하고 여름에 개화한다. 밭, 목초지, 잔디밭, 휴경지, 길가 등에 생육한다. 햇빛이 잘 드는 비옥하고 수분이 풍부하면서도 배수가 잘 되는 토양을 선호하고 사질토양에서는 생육이 떨어진다. 목초로서 추운 지역에 유리하나 비교적 따뜻한 겨울을 좋아하며, 여름철의 고온건조에는 약해서 시원한 여름을 좋아한다. 빛을 가리면 생육이 크게

억제되며, 호밀풀이 자라는 곳에서는 다른 식물의 생육이 억제된다.

유입과 확산

유럽에서 개량된 양질의 목초로 목초지, 목장, 잔디밭 등에서 널리 재배되던 것이 일출하여 잡초화되었으며, 종자 또는 근경으로 번식한다. 종자의 생존 기간은 4년에 이르며, 전파는 비와 바람에 의해서도 이루어지나 주로 사람과 동물에 의해 전파된다.

원산지와 유입경로 | 유럽 원산으로 우리나라에는 8·15 광복 이후 목초 또는 사방용으로 재배한 것이 야생화하여 전국적으로 확산되었다.

외국의 확산사례 | 아시아, 북아프리카, 북아메리카, 시베리아 등지에 널리 분포하며, 미국, 캐나다에서 침입위해잡초로 관리하고 있다.

국내 주요분포

전국적으로 목초로 많이 사용하고 있으며, 도로변 절개지에서도 관찰된다.

관리방법

호밀풀은 목초뿐 아니라 피복 또는 사방용으로도 많이 사용되어 왔으며, 종의 특성상 구분이 어려운 단점이 있다. 외래식물에 속하며 비슷한 쥐보리, 독보리, 가지쥐보리 등은 같이 제거해도 되며, 그 외 종들은 신중히 구분해야 한다.

주의사항

이 잡초의 생체성분으로 유독 알칼로이드 Perlotine을 함유하고 있다.

꽃

생육지

쥐보리

Paspalum distichum var. *indutum* Shinners

털물참새피

Knotgrass

줄기마디와 잎집

생물학적 특징

여러해살이풀로 키는 20~40cm 크기로 자라며 줄기가 물을 따라 자라 들어가며 수면을 덮으면서 자란다. 기어가는 줄기의 매듭마다 가지가 나와 곧게 자라 오르고 매듭에서 난 하얀 뿌리는 물속으로 자라 내린다. 줄기는 지름 3~4mm 정도로 둥글며 잎은 벼 잎보다 폭이 좁고 어긋난다. 잎 길이는 5~10cm이며 폭은 5~10mm이다. 이삭이 달리는 선형의 꽃대인 총이 줄기 끝에서 2~3개가 갈라져 나오고 6~9월에 꽃이 핀다. 총은 길이가 5~10cm이고 각각의 총에는 작은 이삭이 2~4줄로 줄지어 있다. 작은이삭은 장타원형으로 길이 3.2~3.6mm에 폭 1.9~2.5mm이고 작은이삭에서 나오는 암술머리는 흑자색이다.

식별 | 물참새피(*P. disticum*)는 줄기와 잎을 아래에서 둘러싸는 부분에 털이 거의 없으며, 털물참새피는 줄기의 마디와 잎 집에 긴 털이 밀생한다. 참새피(*P. thunbergii*)나 큰참새피(*P. dilatatum*)는 주로 도로변, 나지 등에 자라며, 참새피의 작은 이삭은 둥근 모양, 큰참새피의 총은 4개 이상으로 많이 달려 구분이 가능하다.

생태 | 물이 정체되는 하천이나 습지 또는 저수지나 논 등의 물가나 습기가 많은 땅에서 무리를

지어 자란다. 봄에서 가을까지 생육기간 동안 기는줄기에서 여러 개의 가지가 나와 줄기로 자라며 이들 줄기에서도 새로운 뿌리가 자라나온다. 기는줄기가 물속에서 잘 뻗어나가며 수심 수십 cm까지 자라 들어간다. 수심이 낮고 유속이 느린 곳에서 잘 자란다. 많은 줄기가 얽혀 자라면서 두툼한 판처럼 자라 수심이 낮은 곳에 사는 수초를 밀어낸다. 논이나 농수로처럼 수심이 얕은 곳에서도 잘 자란다. 물속에서 얽힌 많은 줄기와 바닥에 내린 뿌리로 인해 유속이 빠른 경우에도 흘러내려가지 않고 군락을 유지하는 경우가 많다. 가을에 잎이 시든 후에도 털물참새피의 줄기와 잎이 덩어리 형태로 수변을 따라 분포한다.

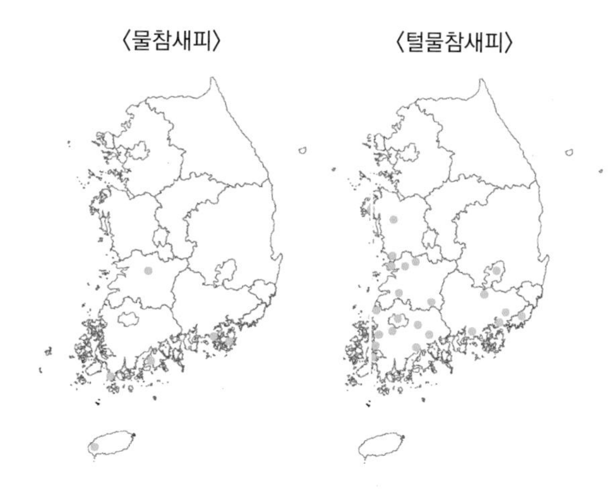

유입과 확산

줄기의 매듭에서 새로운 줄기가 자라나오거나 종자로 번식한다. 종자가 물에 떠내려가 먼 거리까지 확산되며 줄기가 자라면서 좁은 지역에서 확산이 진행된다. 일부는 작물 수확 등의 농업활동이나 농자재 또는 수확물에 묻어가는 형태로 다른 곳에 확산되기도 한다.

원산지와 유입경로 | 북아메리카 원산으로 유입경로는 알려져 있지 않으나 사료 등의 물자에 혼입되어 들어온 것으로 보인다.

외국의 확산사례 | 미국 중북부를 제외한 전역에 분포하며 유럽, 아시아, 아프리카 등에 확산되어 있다. 어느 지역에서나 주로 물가를 따라 분포한다.

물참새피

큰참새피

작은이삭

꽃차례

줄기매듭에서 자란 뿌리

생육지

국내 주요분포

낙동강 을숙도 주변의 하류부와 충남의 예당저수지 그리고 전남 무안과 경남 주남저수지 주변, 제주도 일부 지역에 넓게 확산되어 있다. 우포늪 바로 하류부에서도 나타나는데 주로 농수로나 소하천과 저수지 등을 중심으로 분포한다.

관리방법

털물참새피는 종자에 의한 번식 외에도 근경 및 줄기 마디에서 나오는 뿌리에 의해 번식하므로 꽃이 피기 시작하는 6월 이전에 줄기까지 모두 걷어내는 것이 좋다. 물가에 집중적으로 자라므로 쇠스랑이나 막대를 이용하여 걷어낸다. 여름에는 대규모의 군락을 이루고 줄기가 서로 얽혀 있으므로 낫을 써서 잘라내어 줄기를 걷어 올리는 것이 바람직하다. 가능하면 열매가 맺기 전에 관리를 집중하고 이후에도 자라나오는 개체를 제거하면서 꾸준히 관리해야 한다.

관리시에 이들과 구분하기 어려운 식물은 반드시 전문가에게 확인하고 제거하도록 한다. 제거할 때는 다른 수초가 잘못 제거되지 않도록 유의하고 제거시 물과 바닥의 교란이 크지 않게 유의한다. 제거한 개체는 소, 염소, 말 또는 오리 등의 사료 혹은 퇴비 등으로 활용 가능하나 어느 경우에도 줄기나 씨에서 새로 자라나는 개체가 없게 하는 것이 중요하다.

주의사항

털물참새피나 물참새피는 인체에 대한 독성이나 가시 등이 없어서 특별한 주의가 필요하지 않다.

부록

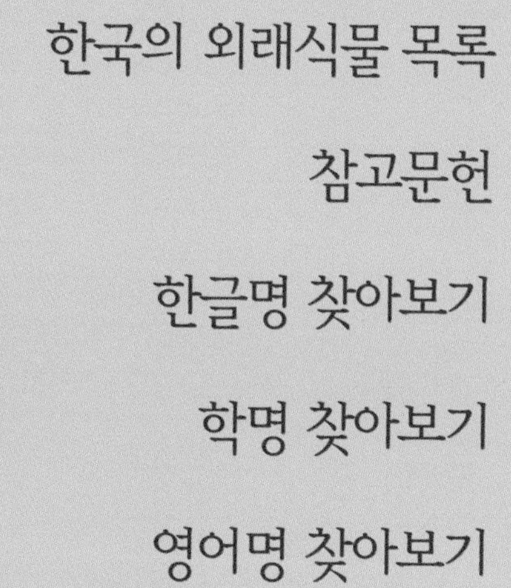

한국의 외래식물 목록

	과명	국명	학명
1	삼과	삼	*Cannabis sativa* L.
2	마디풀과	나도닭의덩굴	*Fallopia convolvulus* (L.) A.Löve
3	마디풀과	닭의덩굴	*Fallopia dumetorum* (L.) Holub
4	마디풀과	메밀여뀌	*Persicaria capitata* (Buch.-Ham. ex D. Don) H. Gross
5	마디풀과	털여뀌	*Persicaria orientalis* (L.) Spach
6	마디풀과	애기수영	*Rumex acetosella* L.
7	마디풀과	소리쟁이	*Rumex crispus* L.
8	마디풀과	좀소리쟁이	*Rumex nipponicus* Fr.et Sav.
9	마디풀과	돌소리쟁이	*Rumex obtusifolius* L.
10	자리공과	미국자리공	*Phytolacca americana* L.
11	자리공과	자리공	*Phytolacca esculenta* V. Hout.
12	석류풀과	큰석류풀	*Mollugo verticillata* L.
13	석죽과	유럽점나도나물	*Cerastium glomeratum* Thuill.
14	석죽과	비누풀	*Saponaria officinalis* L.
15	석죽과	다북개미자리	*Scleranthus annuus* L.
16	석죽과	달맞이장구채	*Silene alba* (Mill.) E.H.L.Krause
17	석죽과	끈끈이대나물	*Silene armeria* L.
18	석죽과	양장구채	*Silene gallica* var. *gallica* L.
19	석죽과	들개미자리	*Spergula arvensis* L.
20	석죽과	유럽개미자리	*Spergularia rubra* (L.) J. et C. Presl
21	석죽과	말뱅이나물	*Vaccaria vulgaris* Host.
22	명아주과	창명아주	*Atriplex hastata* L.
23	명아주과	흰명아주	*Chenopodium album* L.
24	명아주과	양명아주	*Chenopodium ambrosioides* L.
25	명아주과	좀명아주	*Chenopodium ficifolium* Smith
26	명아주과	취명아주	*Chenopodium glaucum* L.
27	명아주과	얇은명아주	*Chenopodium hybridum* L.
28	명아주과	냄새명아주	*Chenopodium pumilio* R. Br.
29	비름과	미국비름	*Amaranthus albus* L.
30	비름과	각시비름	*Amaranthus arenicola* Johnston
31	비름과	개비름	*Amaranthus blitum* L.
32	비름과	긴털비름	*Amaranthus hybridus* L.
33	비름과	긴이삭비름	*Amaranthus palmeri* Wats.
34	비름과	가는털비름	*Amaranthus patulus* Bertoloni
35	비름과	털비름	*Amaranthus retroflexus* L.
36	비름과	가시비름	*Amaranthus spinosus* L.
37	비름과	청비름	*Amaranthus viridis* L.
38	비름과	개맨드라미	*Celosia argentea* L.

39	미나리아재비과	좀미나리아재비	*Ranunculus arvensis* L.
40	미나리아재비과	유럽미나리아재비	*Ranunculus muricatus* L.
41	삼백초과	약모밀	*Houttuynia cordata* Thunb.
42	물레나물과	서양고추나물	*Hypericum perforatum* L.
43	현호색과	둥근빗살현호색	*Fumaria officinalis* L.
44	양귀비과	좀양귀비	*Papaver dubium* L.
45	양귀비과	바늘양귀비	*Papaver hybridum* L.
46	양귀비과	개양귀비	*Papaver rhoeas* L.
47	십자화과	유럽나도냉이	*Barbarea vulgaris* R.Br.
48	십자화과	갓	*Brassica juncea* Czern
49	십자화과	서양갯냉이	*Cakile edentula* Hook.
50	십자화과	좀아마냉이	*Camelina microcarpa* Andrz. ex DC.
51	십자화과	큰잎다닥냉이	*Cardaria draba* (L.) Desv.
52	십자화과	뿔냉이	*Choris poratenella* DC.
53	십자화과	냄새냉이	*Coronopus didymus* Smith
54	십자화과	나도재쑥	*Descurainia pinnata* Britton
55	십자화과	모래냉이	*Diplotaxis muralis* (L.) DC.
56	십자화과	큰잎냉이	*Erucastrum gallicum* O.E. Schulz
57	십자화과	다닥냉이	*Lepidium apetalum* Willd.
58	십자화과	국화잎다닥냉이	*Lepidium bonariense* L.
59	십자화과	들다닥냉이	*Lepidium campestre* (L.) R.Br.
60	십자화과	큰키다닥냉이	*Lepidium latifolium* L.
61	십자화과	대부도냉이	*Lepidium perfoliatum* L.
62	십자화과	좀다닥냉이	*Lepidium ruderale* L.
63	십자화과	콩다닥냉이	*Lepidium virginicum* L.
64	십자화과	장수냉이	*Myagrum perfoliatum* L.
65	십자화과	물냉이	*Nasturtium officinale* R.Br.
66	십자화과	구슬다닥냉이	*Neslia paniculata* Desv.
67	십자화과	서양무아재비	*Raphanus raphanistrum* L.
68	십자화과	주름구슬냉이	*Rapistrum rugosum* (L.) All.
69	십자화과	가새잎개갓냉이	*Rorippa sylvestris* Bess.
70	십자화과	들갓	*Sinapis arvensis* L.
71	십자화과	털들갓	*Sinapis arvensis* var. *orientalis* Koch et Ziz
72	십자화과	가는잎털냉이	*Sisymbrium altissimum* L.
73	십자화과	유럽장대	*Sisymbrium officinale* (L.) Scop.
74	십자화과	긴갓냉이	*Sisymbrium orientale* L.
75	십자화과	민유럽장대	*Sisymbrium sinapistrum* var. *leiocarpum* DC.
76	십자화과	말냉이	*Thlaspi arvense* L.
77	돌나물과	멕시코돌나물	*Sedum mexicanum* Britt.

78	장미과	좀개소시랑개비	*Potentilla amurensis* Max.
79	장미과	개소시랑개비	*Potentilla supina* L.
80	장미과	술오이풀	*Sanguisorba minor* Scop.
81	장미과	서양산딸기	*Rubus fruticosus* L.
82	콩과	족제비싸리	*Amorpha fruticosa* L.
83	콩과	자운영	*Astragalus sinicus* L.
84	콩과	큰잎싸리	*Lespedeza davidii* Franchet
85	콩과	분홍싸리	*Lespedeza floribunda* Bunge
86	콩과	자주비수리	*Lespedeza lichiyuniae* T.Nemoto, H.Ohashi & T.Itoh
87	콩과	서양벌노랑이	*Lotus corniculatus* L.
88	콩과	들벌노랑이	*Lotus uliginosus* Schkuhr
89	콩과	가는잎미선콩	*Lupinus angustifolius* L.
90	콩과	잔개자리	*Medicago lupulina* L.
91	콩과	좀개자리	*Medicago minima* Bartal.
92	콩과	개자리	*Medicago polymorpha* L.
93	콩과	자주개자리	*Medicago sativa* L.
94	콩과	흰전동싸리	*Melilotus alba* Med.
95	콩과	전동싸리	*Melilotus suaveolens* Ledeb.
96	콩과	아까시나무	*Robinia pseudoacacia* L.
97	콩과	왕관갈퀴나물	*Securigera varia* (L.) Lassen.
98	콩과	노랑토끼풀	*Trifolium campestre* Schreb.
99	콩과	애기노랑토끼풀	*Trifolium dubium* Sibth.
100	콩과	선토끼풀	*Trifolium hybridum* L.
101	콩과	진홍토끼풀	*Trifolium incarnatum* L.
102	콩과	붉은토끼풀	*Trifolium pratense* L.
103	콩과	토끼풀	*Trifolium repens* L.
104	콩과	각시갈퀴나물	*Vicia dasycarpa* Tenore
105	콩과	벳지	*Vicia villosa* Roth
106	괭이밥과	덩이괭이밥	*Oxalis articulata* Sav.
107	괭이밥과	자주괭이밥	*Oxalis corymbosa* DC.
108	쥐손이풀과	세열유럽쥐손이	*Erodium cicutarium* (L.) L'Her
109	쥐손이풀과	미국쥐손이	*Geranium carolinianum* L.
110	대극과	톱니대극	*Euphorbia dentata* Michx.
111	대극과	큰땅빈대	*Euphorbia maculata* L.
112	대극과	누운땅빈대	*Euphorbia prostrata* Aiton
113	대극과	애기땅빈대	*Euphorbia supina* Rafin.
114	소태나무과	가죽나무	*Ailanthus altissima* Swingle
115	아욱과	어저귀	*Abutilon theophrasti* Medicus.
116	아욱과	수박풀	*Hibiscus trionum* L.
117	아욱과	난쟁이아욱	*Malva neglecta* Wallr.

118	아욱과	당아욱	*Malva sylvestris* var. *mauritiana* Boiss.
119	아욱과	애기아욱	*Malva parviflora* L.
120	아욱과	국화잎아욱	*Modiola caroliniana* G.Don.
121	아욱과	나도공단풀	*Sida rhombifolia* L.
122	아욱과	공단풀	*Sida spinosa* L.
123	제비꽃과	야생팬지	*Viola arvensis* Murray
124	제비꽃과	종지나물	*Viola papilionacea* Pursh
125	박과	가시박	*Sicyos angulatus* L.
126	부처꽃과	미국좀부처꽃	*Ammannia coccinea* Rottb.
127	바늘꽃과	달맞이꽃	*Oenothera biennis* L.
128	바늘꽃과	큰달맞이꽃	*Oenothera erythrosepala* Borbas
129	바늘꽃과	애기달맞이꽃	*Oenothera laciniata* Hill
130	바늘꽃과	긴잎달맞이꽃	*Oenothera stricta* Ledeb.
131	산형과	유럽전호	*Anthriscus caucalis* M.Bieb.
132	산형과	솔잎미나리	*Apium leptophyllum* F. Muell ex Benth.
133	산형과	쌍구슬풀	*Bifora radians* Bieb.
134	산형과	나도독미나리	*Conium maculatum* L.
135	산형과	회향	*Foeniculum vulgare* Gaertn.
136	산형과	이란미나리	*Lisaeahetero carpa* (DC.) Boiss.
137	꼭두서니과	털백령풀	*Diodia teres* var. *hirsutior* Fern. et Griseb
138	꼭두서니과	백령풀	*Diodia teres* Walt.
139	꼭두서니과	큰백령풀	*Diodia virginiana* L.
140	꼭두서니과	산방백운풀	*Oldenlandia corymbosa* L.
141	꼭두서니과	꽃갈퀴덩굴	*Sherardia arvensis* L.
142	메꽃과	서양메꽃	*Convolvulus arvensis* L.
143	메꽃과	미국실새삼	*Cuscuta pentagona* Engelm.
144	메꽃과	둥근잎미국나팔꽃	*Ipomoea hederacea* var. *integriuscula* A.Gray
145	메꽃과	미국나팔꽃	*Ipomoea hederacea* Jacq.
146	메꽃과	애기나팔꽃	*Ipomoea lacunosa* L.
147	메꽃과	둥근잎나팔꽃	*Ipomoea purpurea* Roth
148	메꽃과	별나팔꽃	*Ipomoea triloba* L.
149	메꽃과	선나팔꽃	*Jacquemontia taminifolia* Gris.
150	메꽃과	둥근잎유홍초	*Quamoclit coccinea* Moench
151	지치과	미국꽃말이	*Amsinckia lycopsoides* Lehm.
152	지치과	컴프리	*Symphytum officinale* L.
153	마편초과	버들마편초	*Verbena bonariensis* L.
154	마편초과	브라질마편초	*Verbena brasiliensis* Vell.
155	꿀풀과	자주광대나물	*Lamium purpureum* L.
156	꿀풀과	황금	*Scutellaria baicalensis* Georgi
157	가지과	털독말풀	*Datura meteloides* Dunal.

158	가지과	흰독말풀	*Datura stramonium* L.
159	가지과	독말풀	*Datura stramonium* var. *chalybea* Koch.
160	가지과	페루꽈리	*Nicandra physaloides* (L.) Gaertn.
161	가지과	땅꽈리	*Physalis angulata* L.
162	가지과	노란꽃땅꽈리	*Physalis wrightii* Gray
163	가지과	미국까마중	*Solanum americanum* Mill.
164	가지과	도깨비가지	*Solanum carolinense* L.
165	가지과	노랑까마중	*Solanum nigrum* var. *humile* Wu et Huang
166	가지과	민까마중	*Solanum photeinocarpum* Nakamura et Odashima
167	가지과	가시가지	*Solanum rostratum* Dunal
168	가지과	털까마중	*Solanum sarrachoides* Sendt.
169	가지과	둥근가시가지	*Solanum sisymbriifolium* Lam.
170	가지과	왕도깨비가지	*Solanum viarum* L.
171	현삼과	덩굴해란초	*Cymbalaria muralis* P.Gaetrn.
172	현삼과	유럽큰고추풀	*Gratiola officinalis* L.
173	현삼과	가는미국외풀	*Lindernia anagallidea* Pennell
174	현삼과	미국외풀	*Lindernia dubia* (L.) Pennell
175	현삼과	우단담배풀	*Verbascum thapsus* L.
176	현삼과	선개불알풀	*Veronica arvensis* L.
177	현삼과	눈개불알풀	*Veronica hederaefolia* L.
178	현삼과	큰개불알풀	*Veronica persica* Poiret
179	현삼과	좀개불알풀	*Veronica serpyllifolia* L.
180	질경이과	긴포꽃질경이	*Plantago aristata* Michx.
181	질경이과	창질경이	*Plantago lanceolata* L.
182	질경이과	미국질경이	*Plantago virginica* L.
183	마타리과	상치아재비	*Valerianella olitoria* Pollich
184	국화과	서양톱풀	*Achillea millefolium* L.
185	국화과	등골나물아재비	*Ageratum conyzoides* L.
186	국화과	돼지풀	*Ambrosia artemisiaefolia* L.
187	국화과	단풍잎돼지풀	*Ambrosia trifida* L.
188	국화과	길뚝개꽃	*Anthemis arvensis* L.
189	국화과	개꽃아재비	*Anthemis cotula* L.
190	국화과	우선국	*Aster novi-belgii* L.
191	국화과	미국쑥부쟁이	*Aster pilosus* Willd.
192	국화과	비짜루국화	*Aster subulatus* Michx.
193	국화과	큰비짜루국화	*Aster subulatus* var. *sandwicensis* A.G.Jones
194	국화과	미국가막사리	*Bidens frondosa* L.
195	국화과	울산도깨비바늘	*Bidens pilosa* L.
196	국화과	흰도깨비바늘	*Bidens pilosa* var. *minor* Sherff.
197	국화과	노랑도깨비바늘	*Bidens polylepis* S. F. Blake

198	국화과	흰지느러미엉겅퀴	*Carduus crispus* for. *albus* (Makino) Hara
199	국화과	지느러미엉겅퀴	*Carduus crispus* L.
200	국화과	사향엉겅퀴	*Carduus nutans* L.
201	국화과	수레국화	*Centaurea cyanus* L.
202	국화과	불란서국화	*Chrysanthemum leucanthemum* L.
203	국화과	카나다엉겅퀴	*Cirsium arvense* Scop.
204	국화과	서양가시엉겅퀴	*Cirsium vulgare* (Savi) Tenore
205	국화과	실망초	*Conyza bonariensis* (L.) Cronquist
206	국화과	망초	*Conyza canadensis* (L.) Cronquist
207	국화과	애기망초	*Conyza parva* (Nutt.) Cronquist
208	국화과	큰망초[큰실망초]	*Conyza sumatrensis* E. Walker
209	국화과	큰금계국	*Coreopsis lanceolata* L.
210	국화과	기생초	*Coreopsis tinctoria* Nutt.
211	국화과	코스모스	*Cosmos bipinnatus* Cav.
212	국화과	노랑코스모스	*Cosmos sulphureus* Cav.
213	국화과	주홍서나물	*Crassocephalum crepidioides* S. Moore
214	국화과	나도민들레	*Crepis tectorum* L.
215	국화과	가는잎한련초	*Eclipta alba* var. *erecta* L.
216	국화과	붉은서나물	*Erechtites hieracifolia* Raf.
217	국화과	개망초	*Erigeron annuus* Pers.
218	국화과	봄망초	*Erigeron philadelphicus* L.
219	국화과	주걱개망초	*Erigeron strigosus* Muhl.
220	국화과	서양등골나물	*Eupatorium rugosum* Houtt.
221	국화과	털별꽃아재비	*Galinsoga ciliata* Blake
222	국화과	별꽃아재비	*Galinsoga parviflora* Cav.
223	국화과	선풀솜나물	*Gnaphalium calviceps* Fernald
224	국화과	자주풀솜나물	*Gnaphalium purpureum* L.
225	국화과	애기해바라기	*Helianthus debilis* Nutt.
226	국화과	뚱딴지	*Helianthus tuberosus* L.
227	국화과	유럽조밥나물	*Hieracium caespitosum* Dumor.
228	국화과	서양금혼초	*Hypochoeris radicata* L.
229	국화과	가시상추	*Lactuca scariola* L.
230	국화과	서양개보리뺑이	*Lapsana communis L.*
231	국화과	꽃족제비쑥	*Matricaria inodora* L.
232	국화과	족제비쑥	*Matricaria matricarioides* (Less.) Porter
233	국화과	돼지풀아재비	*Parthenium hysterophorus* L.
234	국화과	원추천인국	*Rudbeckia bicolor* Nutt.
235	국화과	수잔루드베키아	*Rudbeckia hirta* L.
236	국화과	겹삼잎국화	*Rudbeckia laciniata* var. *hortensis* Bail.
237	국화과	개쑥갓	*Senecio vulgaris* L.

238	국화과	양미역취	*Solidago altissima* L.
239	국화과	미국미역취	*Solidago serotina* Ait.
240	국화과	큰방가지똥	*Sonchus asper* Hill.
241	국화과	방가지똥	*Sonchus oleraceus* L.
242	국화과	만수국아재비	*Tagetes minuta* L.
243	국화과	붉은씨서양민들레	*Taraxacum laevigatum* DC.
244	국화과	서양민들레	*Taraxacum officinale* Weber
245	국화과	쇠채아재비	*Tragopogon dubius* Scop.
246	국화과	나래가막사리	*Verbesina alternifolia* L.
247	국화과	큰도꼬마리	*Xanthium canadense* Mill.
248	국화과	가시도꼬마리	*Xanthium italicum* More.
249	국화과	도꼬마리	*Xanthium strumarium* L.
250	수선화과	흰꽃나도사프란	*Zephyrantes candida* Herb.
251	붓꽃과	등심붓꽃	*Sisyrinchium atlanticum* Bickn.
252	붓꽃과	몬트부레치아	*Tritonia crocosmaeflora* Lem.
253	닭의장풀과	자주닭개비	*Tradescantia reflexa* Raf.
254	벼과	염소풀	*Aegilops cylindrica* Host.
255	벼과	구주개밀	*Agropyron repens* (L.) Beauv.
256	벼과	까락구주개밀	*Agropyron repens* for. *aristatum* Holmb.
257	벼과	은털새	*Aira caryophyllea* L.
258	벼과	털뚝새풀	*Alopecurus japonica* Steud.
259	벼과	쥐꼬리뚝새풀	*Alopecurus myosuroides* Huds.
260	벼과	큰뚝새풀	*Alopecurus pratensis* L.
261	벼과	나도솔새	*Andropogon virginicus* L.
262	벼과	향기풀	*Anthoxanthum odoratum* L.
263	벼과	개나래새	*Arrhena therumelatius* (L.) Presl
264	벼과	메귀리	*Avena fatua* L.
265	벼과	귀리	*Avena sativa* L.
266	벼과	방울새풀	*Briza minor* L.
267	벼과	좀참새귀리	*Bromus inermis* Leyss
268	벼과	털참새귀리	*Bromus mollis* L.
269	벼과	긴까락빕새귀리	*Bromus rigidus* Roth
270	벼과	큰참새귀리	*Bromus secalinus* L.
271	벼과	까락빕새귀리	*Bromus sterilis* L.
272	벼과	민둥빕새귀리	*Bromus tectorum* var. *glabratus* Spenner
273	벼과	털빕새귀리	*Bromus tectorum* L.
274	벼과	큰이삭풀	*Bromus unioloides* H.B.K.
275	벼과	고사리새	*Catapodium rigidum* Hubb.
276	벼과	대청가시풀	*Cenchrus longispinus* (Hack.) Fern.
277	벼과	나도바랭이	*Chloris virgata* Swartz.

278	벼과	염주	*Coix lacryma-jobi* L.
279	벼과	오리새	*Dactylis glomerata* L.
280	벼과	지네발새	*Dactyloctenium aegyptium* Beauv.
281	벼과	갯드렁새	*Diplachne fusca* (L.) Beauv.
282	벼과	능수참새그령	*Eragrostis curvula* Nees.
283	벼과	큰김의털	*Festuca arundinacea* Schreb
284	벼과	큰묵새	*Festuca megalura* Nutt.
285	벼과	들묵새	*Festuca myuos* L.
286	벼과	유럽육절보리풀	*Glyceria declinata* Bréb.
287	벼과	흰털새	*Holcus lanatus* L.
288	벼과	긴까락보리풀	*Hordeum jubatum* L.
289	벼과	보리풀	*Hordeum murinum* L.
290	벼과	좀보리풀	*Hordeum pusillum* Nutt.
291	벼과	가지쥐보리	*Lolium multiflorum* for. *ramosum* Guss.
292	벼과	쥐보리	*Lolium multiflorum* Lam.
293	벼과	호밀풀	*Lolium perenne* L.
294	벼과	독보리	*Lolium temulentum* L.
295	벼과	미국개기장	*Panicum dichotomiflorum* Michx.
296	벼과	큰개기장	*Panicum virgatum* L.
297	벼과	뿔이삭풀	*Parapholis incurva* C.E.Hubb.
298	벼과	큰참새피	*Paspalum dilatatum* Poir.
299	벼과	물참새피	*Paspalum distichum* L.
300	벼과	털물참새피	*Paspalum distichum* var. *indutum* Shinners
301	벼과	카나리새풀	*Phalaris canariensis* L.
302	벼과	애기카나리새풀	*Phalaris minor* Retz.
303	벼과	작은조아재비	*Phleum paniculatum* Huds.
304	벼과	큰조아재비	*Phleum pratense* L.
305	벼과	이삭포아풀	*Poa bulbosa* var. *vivipara* Koel.
306	벼과	좀포아풀	*Poa compressa* L.
307	벼과	왕포아풀	*Poa pratensis* L.
308	벼과	처진미꾸리광이	*Puccinellia distans* (Jacq.) Parl.
309	벼과	시리아수수새	*Sorghum halepense* (L.) Pers.

참고문헌

강병화. 2008. 한국생약자원생태도감Ⅰ. 지오북. 1344pp.

강병화. 2008. 한국생약자원생태도감Ⅱ. 지오북. 1352pp.

강언종, 윤창호. 1994. 도입 황소개구리의 국내 정착과 분포. 한국자연보존협회 연구보고서 13 : 231~250.

강원도. 1995. 강원의 토종동식물. 강원도. 780pp.

강현구. 2007. 비설치류 실험동물의 품질관리 및 사육관리 실무 메뉴얼 개발. 식품의약품안전청. 215pp.

고명훈, 박종영, 이용주. 2008. 옥정호에 도입된 배스의 식성 및 어류상에 미치는 영향. 한국어류학회지 20(1) : 36~44.

고제호, 이상옥. 1968. 미국흰불나방의 피해와 분포조사. 한국임학회지 7 : 35~39.

고현관. 1993. 채소의 주요해충인 파밤나방의 생태학적 특성. 충북대박사학위논문. 77pp.

국립공원관리공단. 2007. 국립공원 양서·파충류 야외식별도감. 국립공원관리공단. 77pp.

국립식물검역원. 2009. 외래해충(미국선녀벌레) 발견 상황 보고. 국립식물검역원. p. 4.

국립환경과학원. 2006. 생태계위해성이 높은 외래종 정밀조사 및 선진외국의 생태계교란종 지정현황 연구. 국립환경과학원. 408pp.

국립환경과학원. 2007. 생태계위해성이 높은 외래종의 정밀조사(Ⅱ). 국립환경과학원. 241pp.

국립환경과학원. 2008. 생태계위해성이 높은 외래종 정밀조사 및 관리방안(Ⅲ). 국립환경과학원. 233pp.

국립환경과학원. 2009. 생태계교란종 모니터링(Ⅲ). 국립환경과학원. 314pp.

국립환경과학원. 2009. 생태계위해성이 높은 외래종의 정밀조사 및 관리방안(Ⅳ). 국립환경과학원. 212pp.

국립환경과학원. 2010. 생태계교란종 모니터링(Ⅳ). 국립환경과학원. 208pp.

국립환경과학원. 2010. 생태계위해성이 높은 외래종의 정밀조사 및 관리방안(Ⅴ). 국립환경과학원. 106pp.

국립환경과학원. 2010. 한국의 주요 외래생물Ⅱ. 국립환경과학원. 134pp.

국립환경과학원. 2011. 생태계교란종 모니터링(Ⅴ). 국립환경과학원. 196pp.

국립환경과학원. 2011. 생태계위해성이 높은 외래종의 정밀조사 및 관리방안(Ⅵ). 국립환경과학원. 114pp.

국립환경연구원. 2001. 외래식물의 영향 및 관리방안 연구(Ⅱ). 국립환경연구원. 138pp.

권오길. 1990. 한국동식물도감 제 32권 동물편(연체동물Ⅰ). 교육부. p. 446.

김대용 등. 2009. 농약 사용 저감화를 위한 환경 친화적인 파밤나방의 방제. 한국응용곤충학회 48(2) : 253~261.

김동성, 박수현. 2009. 잡초 : 형태·생리·생태 Ⅰ. 이전농업자원도서. 767pp.

김동성, 박수현. 2009. 잡초 : 형태·생리·생태 Ⅱ. 이전농업자원도서. 819pp.

김백호, 최민규, 高村典子. 2001. 어린 백련어의 성장에 대한 동, 식물플랑크톤의 먹이기여도. 한국하천호수학회 34(2) : 98~105.

김선곤 등. 2007. 파에서 파밤나방 요방제 수준 설정. 한국응용곤충학회 46(3) : 431~435.

김성원, 최낙중, 이종윤, 이완옥, 장선일. 1996. 도입된 잉어와 어류 3종의 외부형태 및 염색체 특징. 한국어류학회지 8(2) : 68~73.

김온식. 1981. 미국흰불나방의 생물학적 방제연구. 공주대학교 논문집. 19 : 137~150.

김온식. 1983. 미국흰불나방의 생태와 생물학적 방제에 관한 연구. 동국대학교 박사학위 논문. 29pp.

김완규. 2008. 바이오에너지 작물 병해충 진단과 방제. 농촌진흥청. pp. 123-124.

김익수, 박종영. 2002 원색도감 한국의 민물고기. 교학사. 465pp.

김익수, 박종영. 2002. 한국의 민물고기. 교학사. 342pp.

김익수, 최윤, 이충렬, 이용주, 김병직, 김지현. 2005. 한국어류대도감. 교학사. 615pp.

김익수. 1997. 한국동식물도감 제 37권 동물편(담수어류). 교육부. 629pp.

김정준. 1996. 수도재배법과 배수조건이 벼물바구미 발생생태에 미치는 영향. 전남대학교 석사학위논문. 32pp.

김종배. 1984. 미국흰불나방의 생태에 관한 연구. 동국대학교 석사학위논문. 35pp.

김준민, 임양재, 전의식. 2001. 한국의 귀화식물. 사이언스북스. 281pp.

김찬규. 1994. 사슴사육의 이론과 실제. 도서출판 양록. pp. 24-41.

김창호, 윤상욱 등. 1997. 서울시 버즘나무방패벌레의 발생현황 및 방제에 관한 연구. 동국대 생명자원과학대학 연습림 5 : 109~121.

김창환, 노용태, 고제호, 김진일, 오진국, 김용국. 1967. 미국흰불나방 방제에 관한 연구. 고려대학교 한국곤충연구소, 곤충연구지 3 : 1~27.

김철우. 2003. 애집개미(*Monomorium pharaonis*) 항원의 흡인성 알레르겐으로서의 역할 및 주알레르겐 특성 규명. 연세대학교 박사학위논문. 49pp.

김형환 등. 2007. Susceptibility of the *Alfalfa weevil, Hypera postica* (Coleoptera: Curculionidae) to Korean Entomopathogenic Nematodes in Laboratory Assays, Korean Journal of Applied Entomology, 46(1) : 147~151.

나선희. 2006. 돼지풀속(*Ambrosia*)의 곤충군집구조와 돼지풀잎벌레(*Ophraella communa*)의 생태에 관한 연구. 대전대학교 석사학위논문. 40pp.

농림수산부. 1996. 파밤나방의 살충제 저항성 검색장치 개발, 제 1차년도. pp. 1-24.

농업과학기술연구원. 2007. 왕우렁이 생태 및 방제체계 연구. 농촌진흥청. 98pp.

농업과학기술원. 2000. 채소병해충의 진단과 방제. 아카데미서적. 252pp.

농촌진흥청 국립농업과학원. 농작물 병·해충·잡초정보(http://www.naas.go.kr)

농촌진흥청. 2007. 21C 희망축종인 흑염소 산업의 육성방안과 경영전략. 농촌진흥청. pp. 5-7.

농촌진흥청. 2007. 흑염소 기르기. 농촌진흥청. pp. 28-43.

문운기, 배대열, 표재훈, 김정구, 김성덕, 한승완, 김재구. 2011. 황구지천에 서식하는 나일틸라피아 개체군 유지 및 월동 가능성에 관한 연구. 복원생태학회지 2(1) : 51~57.

박병선. 1997. 벼물바구미의 생태와 방제. 충남대학교 농과대학 학술논문. 3 : 107~112.

박세욱. 1961. 미국흰불나방의 생태조사 및 방제시험. 농림부. 30pp.

박수현. 1995. 한국귀화식물원색도감. 일조각. 338pp.

박수현. 2009. 세밀화와 사진으로 보는 한국의 귀화식물. 일조각. 575pp.

박지두 등. 2009. 꽃매미의 생태 특성 및 약제 살충 효과. 한국응용곤충학회 48(1) : 53~57.

손영목, 송호복. 2006. 금강의 민물고기. 지성사. 248pp.

손재천, 안승락, 이종은, 박규택. 2002. Notes on Exotic Species, *Ophraella communa* Lesage (Coleoptera: Chrysomeridae) in Korea. 한국응용곤충학회지 41(2): 145~150.

송교홍, 정종우, 구혜영, 김원. 2007. 국내 자연산 붕어와 일본에서 도입된 떡붕어를 구분하기 위한 종특이적 분자마커 개발. 한국하천호수학회지 40(1) : 143~148.

송철, 조광연. 2000. Ecological Characteristics and Insecticidal Susceptibility of Sycamore Lace Bug, *Corythucha ciliata* Say (Hemiptera: Tingidae), Korean Journal of Life Science. 10(2) : 164~168.

신상철. 2007. (신)산림해충도감. 국립산림과학원. 458pp.

아카데미서적편집부. 1988. 동물대백과 1. 육식동물. 아카데미서적. p. 160.

안기수, 이관석, 이경희, 송명규, 임상철, 김길하. 2010. 미국선녀벌레에 대한 시판 살충제의 감수성. 한국농약과학회 추계학술발표회. pp. 97-97.

안기수. 2001. 담배가루이의 발육과 생식에 미치는 온도와 기주의 영향. 한국응용곤충학회지 40(3) : 203~209.

양영환, 김문홍. 2003. 제주도 개민들레군락군의 분포와 식생에 관한 연구. 한국자원식물학회지 15(3) : 227-236.

양환승, 김동성, 박수현. 2004. 잡초 : 형태・생리・생태 Ⅰ. 이전농업자원도서. 1027pp.

양환승, 김동성, 박수현. 2004. 잡초 : 형태・생리・생태 Ⅱ. 이전농업자원도서. 819pp.

양환승, 김동성, 박수현. 2004. 잡초 : 형태・생리・생태 Ⅲ. 이전농업자원도서. 1098pp.

오홍식, 홍청의. 2007. 제주도에 이입된 황소개구리(*Rana catesbeiana*)와 붉은귀거북(*Trachemys scripta elegans*)의 서식실태 및 관리방안. 한국환경생태학회지 21(4) : 311~317.

우건석. 1961. 신도입해충 "흰불나방"에 관한 연구. 서울대학교 농생물. 5 : 11~23.

원병휘. 1967. 한국동식물도감 제 7권 동물편(포유류). 문교부, 삼화출판사. pp. 239-248.

이동규, 정동관, 안용준, 김홍철. 2007. 방역소독(살균, 살충, 구서) 지침서. 고신대학교. 553pp.

이상범, 고문환, 나영은, 김진호. 2002. 왕우렁이(apple snails)의 생리, 생태적 특성에 관한 연구. 한국환경농학회지 21(1): 50~56.

이완옥, 양현, 윤승운, 박종영. 2009. 옥정호와 용담호에 서식하는 배스 *Micropterus salmoides*의 먹이생물 차이에 관한 연구. 한국어류학회지 21(3) : 200~207.

이우철. 1996. 원색한국식물도감. 아카데미서적. 624pp.

이창석. 2003. 하천환경과 수변식물(식생의 보전과 관리). 동화기술교역. p. 88.

이홍수. 2009. 단감돌발해충. 경남농업기술원 발표자료. pp. 1-9.

임양재, 전의식. 1980. 한반도의 귀화식물 분포. 식물학회지 23: 69-83.

임업연구원. 1991. 산림병해충도감. 임업연구원. p. 424.

전의식. 1991. 새로 발견된 귀화식물(1): 대양을 건너온 진객. 한국자생식물보존회 22(0): 216-217.

정연진, 권태성 등. 1996. Occurrence of the sycamore lace bug, *Corythucha ciliata* (Say) (Hemiptera: Tindidae) in Korea, Korean Journal of Applied Entomology 35(2) : 137~139.

정영재, 이정희, 백원기, 안준철, 박재읍. 2001. 명아주속(명아주과)의 분류학적 검토 : 외부형태학적 형질을 중심으로. 한국잡초학회지 21(3) : 229~235.

조치웅, 이경재. 2002. 도시환경에서 가죽나무 종자의 확산 및 발아 분포. 한국환경생태학회지 16(1): 87-93.

竹松哲夫, 一前宣正. 1987. 世界の雜草 I 全國農村敎育協會. pp. 119-125.

최원일, 최광식, 신상철. 2007. 미국흰불나방. 국립산림과학원.

한만종 등. 2003. 채소바구미(딱정벌레목 : 바구미과)의 발생 및 분포지역. 한국응용곤충학회. pp. 96-96.

行永壽二郎. 井手欽也. 伊 幹二. 嶋田資二. 1975. 'セイタカアワダチンウの 生態に 關する 2,3の 觀察にと Asulam による防除' 雜草硏究 日本雜草防除硏究會. 19: 46-50

홍철운, 김철생, 김남균, 김영희. 2001. 만수국아재비의 정유성분 조성. 한국약용작물학회지 9(2): 108-115.

환경부. 2001. 들고양이 서식실태 및 관리방안 연구. 환경부. pp. 7-25.

환경부. 2007. 외래동물의 위해성 정보전달체계 및 교육·홍보방안수립연구. 환경부. 348pp.

환경부. 2009. 생태계교란야생동·식물 자료집. 환경부. 138pp.

Alien Plants in Ireland. (http://www.biochange.ie/alienplants/).

Andrei S. and T. Paris. 2011. Fall webworm, Hyphantria cunea (Drury) (Insecta: Lepidoptera: Arctiidae: Arctiinae). University of Florida, EENY 486.

Animal Diversity Web. University of Michigan Museum of Zoology. (http://animaldiversity.ummz.umich.edu/site/accounts/information/Procyon_lotor.html).

Aquatic Invasive Species Bighead Carp. April 2011. Indiana Department of Natural Resources

Aquatic Invasive Species Silver Carp. March 2005. Indiana Department of Natural Resources

Aquatic Invasive Species Walking Catfish. July 2005. Indiana Department of Natural Resources

B. N. Singh and G. M. Hughes. 1971. Respiration of an Air-breathing catfish Clarias batrachus (Linn.). Great Britain. J. Exp. Biol. 55(6) : 421~434.

Berlin A. Heck. 1998. The Alligator Snapping Turtle (*Macroclemys temmincki*) in Southeast Oklahoma. Proc. Okla. Acad. Sci. 78 : 53~58.

Blais, P. A., and M. J. Lechowicz. 1989. Variation Among Populations of *Xanthium strumarium* (Compositae) from Natural and Ruderal Habitats. Amer. J. Bot. 76(6) : 901~908.

Bond, W., G. Davies, and R. Turner. 2007. The biology and non-chemical control of Common Poppy (*Papaver rhoeas* L). HDRA, Ryton Organic Gardens, Coventry, CV8, 3LG, UK. (http://www.gardenorganic.org.uk/organicweeds)

Bond,W., G.Davies, and R.Turner. 2007. The biology and non-chemical control of Common Field-speedwell (*Veronica persica* Poiret.). HDRA, Ryton Organic Gardens, Coventry, CV8, 3LG, UK. (http://www.gardenorganic.org.uk/organicweeds)

Bory, G. and D. Clair-Maczulajtys. 1980. Production, dissemination and polymorphism of seeds in *Ailanthus altissima*. Reuve. Gen. Bot. 88: 297-311.

Byron, A. E. 2002 : Dispersal and survival of juvenile feral ferrets *Mustela furo* in New Zealand Journal of Applied Ecology 39 : 67-78.

Calama, D.H., J. Davidsona and A.W. Forda. 2002. Investigations of the allergens of cocksfoot grass (*Dactylis glomerata*) pollen. Journal of Chromatography A 266 : 293~300.

Center for Invasive Species and Ecosystem Health (http://www.invasive.org)

Daren Riedle, Paul A. Shipman, Stanley F. Fox, and David M. Leslie, JR. 2005. Status and Distribution of The Alligator Snapping Turtle, *Macrochelys temminckii*, In Oklahoma. The Southwestern Naturalist 50(1):79-84.

Global Invasive Species Database (GISD). (http://www.invasivespecies.net/).

Hickman, J.C. 1993. The Jepson manual: Higher plants of California. Univ of California Pr. 350pp.

Holm, L., J. Doll, E. Holm, J. Pancho and J. Herberger. 1997. World Weeds Natural Histories and Distribution. John Wiley & Sons, Inc. pp. 769~827.

Hyunbin Jo, Min-Ho Jang, Kwang-Seuk Jeong, Yuno Do, Gea-Jae Joo and Ju-Duk Yoon. 2011. Long-term changes in fish community and the impact of exotic fish, between the Nakdong River and Upo Wetlands. Journal of Ecology and field biology. 34(1) : 59~68.

Johnson George B.. 2007. 생명과학(Essentials of the Living World). 동화기술, 서울. pp. 442~443.

Kil, J.H., K.C. Shim and K.J. Lee. 2002. Allelopathy of *Tagetes minuta* L. Aqueous Extracts on Seed Germination and Root Hair Growth. Korean Journal of Ecological Science. 1(3): 171-174.

Kowarik, I. and I. Säumel.2007. Water dispersal as an additional pathway to invasions by the primarilywind-dispersed tree *Ailanthus altissima*. Plant Ecology 198: 241-252.

Landschoot, P. 2009. Weed Management in Turf. Pennsylvania State University. p. 10.

Mead, F. W. 2007. Citrus Flatid Planthopper, *Metcalfa pruinosa* (Say) (Insecta: Hemiptera: Flatidae). UNIVERSITY of FLORIDA IFAS Extension, EENY329.

Muenscher, W.C. and P.A. Hyppso. 1955. Weeds Second Edition Comstock Publishing Associates A Division of Cornell University Press, Ithaca and London. p. 510.

Nasir, H., Z. Iqbal, S. Hiradate and Y. Fujii. 2005. Allelopathic potential of *Robinia pseudoacacia*. Journal ofchemical ecology 31(9): 2179-2192.

Natural Resources Canada. (http://www.nrcan-rncan.gc.ca).

Nesom, G. 2009. Taxonomic Notes on *Acaulescent Oxalis* (Oxalidaceae) in The United States. Phytologia 91(3) : 501~526.

Njiru, M., J.E. Ojuok, A.Getabu, M.Muchiri, I.G. Cowx and J.B. Okeyo-Owuor. 2006. Dominance of introduced Nile tilapia, *Oreochromis niloticus* (L.) in Lake Victoria: A case of changing biology and ecosystem. In: Odada, Eric (Ed.) Proceedings of the 11th World Lakes Conference: vol. 2. pp. 255-262, Ministry of Water and Irrigation, Nairobi (Kenya).

NOBANIS Invasive Alien Species Fact Sheet. (http://www.nobanis.org).

Oregon Department of Fish and wildlife. 2010. Invasive Species Fact Sheet (the oregon conservation strategy).

PCA Fact Sheet. (http://www.nps.gov).

Pheloung, A., J. Swarbrick, and B. Roberts. 1999. Weed risk analysis of a proposed importation of bulk maize (*Zea mays*) from the USA. Weed Technical Working Group. http://www.daff.gov.au/__data/assets/pdf_file/0017/21941/TWGP_4.pdf

Plant For A Future. (http://www.pfaf.org).

Prieur-Richard, A.H., S. Lavorel, K. Grigulis, A. Dos Santos. 2000. Plant community diversity and invasibility by exotics: invasion of Mediterranean old fields by *Conyza bonariensis* and *Conyza canadensis*. Ecology Letters 3 : 412~422.

Rare plant fact sheet PDAST0T380, *Symphyotrichum subulatum* (L.) Nelsom, Main Department of Conservation Natural Areas Program. 2004.

Sadao, H. 2001. Burrows of *Procambarus clarkii*. Earth Science 55(4): 227-239.

Sharkey, T.D. and M.R. Badger. 1982. Effects of water stress on photosynthetic electron transport,photophosphorylation, and metabolite levels of *Xanthium strumarium* mesophyll cells. Planta 156 : 199~206.

Stewart-Wade, S.M., S. Neumann, L.L. Collins, and G.J. Boland. 2004. 117. *Taraxacum officinale* (G.H. Webber ex Wiggers), in The Biology of Canadian Weeds, Volume 5, ed. P.B. Cavers. Agriculture and Agrifood Canada, Ottawa.

U.S. National Park Service. 2005. Invasive Plant Management in Glacier Bay National Park and Preserve Gustavus, Alaska Summer 2005 Field Season Report. 102p.

UK marine SACs(special area of conservation). http://www.ukmarinesac.org.uk

United State Department of Agriculture NRCS. (http://www.nrcs.usda.gov).

United State Department of Agriculture Plants database. (http://plant.usda.gov).

University of Michigan Museum of Zoology. (Http://ummz.umich.edu).

Vavrek, M.C., J.B. McGraw, and H.S. Yang. 1997. Within-Population Variation in Demography of *Taraxacum officinale*: Season- and Size-Dependent Survival, Growth and Reproduction. Journal of Ecology 85 : 277~287.

Volaire, F. 1995. Growth, Carbohydrate Reserves and Drought Survival Strategies of Contrasting Dactylis glomerata Populations in a Mediterranean Environment. Journal of Applied Ecology 32 : 56~66.

Warwick, S. I., and D. Briggs. 1979. The Genecology of Lawn Weeds III. Cultivation Experiments with *Achillea millefolium* L., *Bellis perennis* L., *Plantago lanceolata L., Plantago major* L. and *Prunella vulgaris* L. collected from Lawns and Contrasting Grassland Habitats. New Phytol. 83 : 509~536.

Weaver S., K. Cluney, M. Downs and E. Page. 2006. Prickly lettuce (*Lactuca serriola*) interference and seed production in soybeans and winter wheat. Weed Science. 54: 496-503.

Weaver. S.E. 2001. The biology of Canadian weeds. 115. *Conyza canadensis*. Canadian Journal of Plant Science. 867~875p.

Weber, Ewald. 2003. Invasive plants of the World. CABI Publishing, CAB International, Wallingford, UK. 548pp.

Welham, C.V.J., and R.A. Setter. 1998. Comparison of size-dependent reproductive effort in two dandelion (*Taraxacum officinale*) populations. Can. J. Bot. 76 : 166~173.

Werk, K. S. and J. Ehlernger 1985. Field water relations of a compass plant, *Lactuca serriola* L. Plant, Cell and Environment 9 : 681-683.

한글명 찾아보기

학명 찾아보기

T

V

X

영어명 찾아보기

T

V

W

Y

초판 1쇄 인쇄 2012년 6월 25일
초판 1쇄 발행 2012년 7월 10일

지은이 국립환경과학원
집필 길지현, 황선민, 이도훈, 김동언, 김영하, 이창우, 김현맥, 김명진, 김종민, 오길종

펴낸곳 지오북(**GEO**BOOK)
펴낸이 황영심
편집 전유경, 김민정, 유지혜
디자인 AGI

주소 서울특별시 종로구 사직로8길 34, 1321호
(내수동 경희궁의아침 3단지 오피스텔)
Tel_02-732-0337
Fax_02-732-9337
eMail_geo@geobook.co.kr
www.geobook.co.kr
cafe.naver.com/geobookpub

출판등록번호 제300-2003-211
출판등록일 2003년 11월 27일

ISBN 978-89-94242-17-0 93530

이 도서의 국립중앙도서관 출판시도서목록(CIP)은 e-CIP홈페이지(http://www.nl.go.kr/ecip)와
국가자료공동목록시스템(http://www.nl.go.kr/kolisnet)에서 이용하실 수 있습니다.
(CIP제어번호: CIP2012002715)